握角骑跨夹持保定法

双手围抱保定法

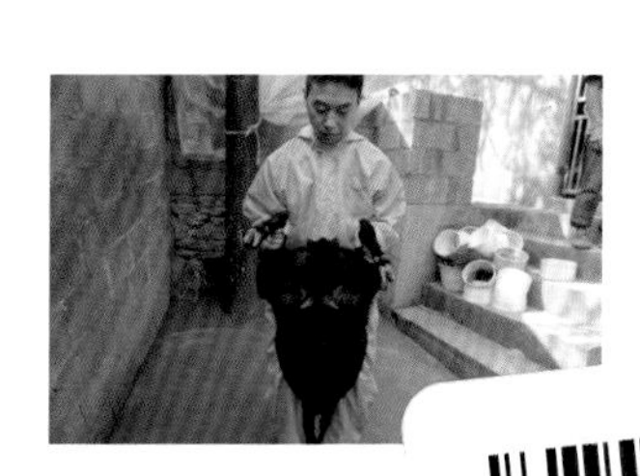

倒立式保定

注射

颈静脉采血

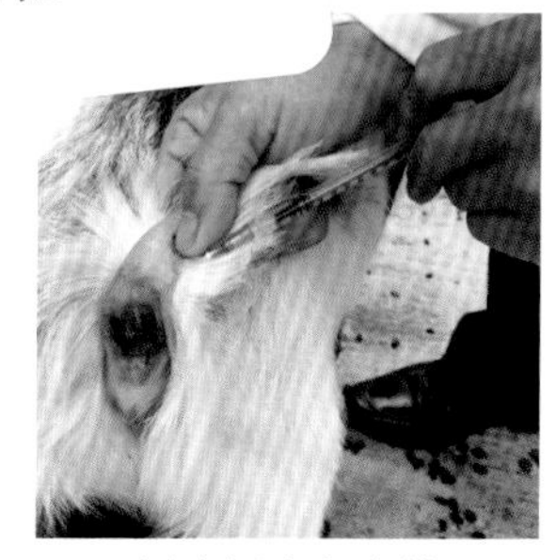

尾内侧皮内注射

羊坏死杆菌病：羊蹄叉坏死

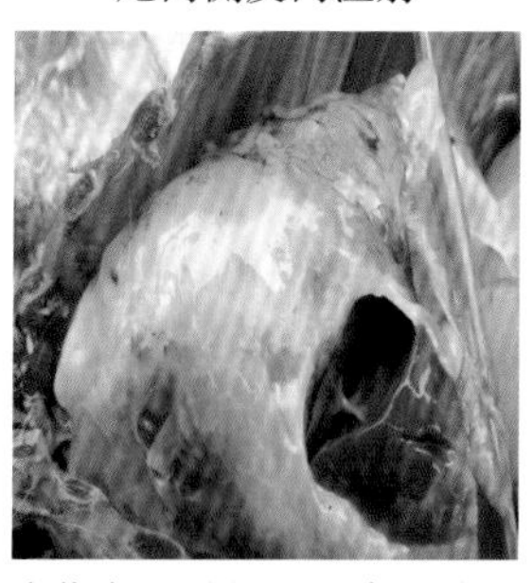

链球菌病：引起纤维素性胸膜炎

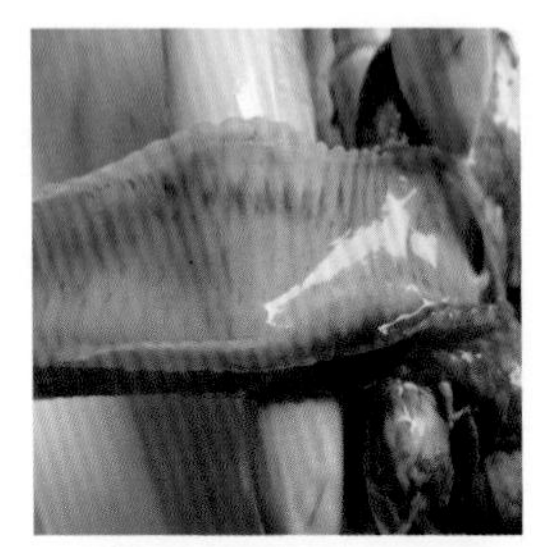

链球菌病：气管环黏膜出血

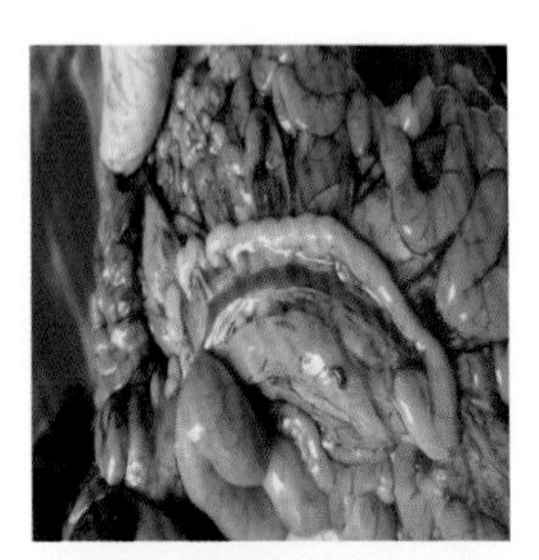

链球菌病：肠系膜淋巴结索状肿

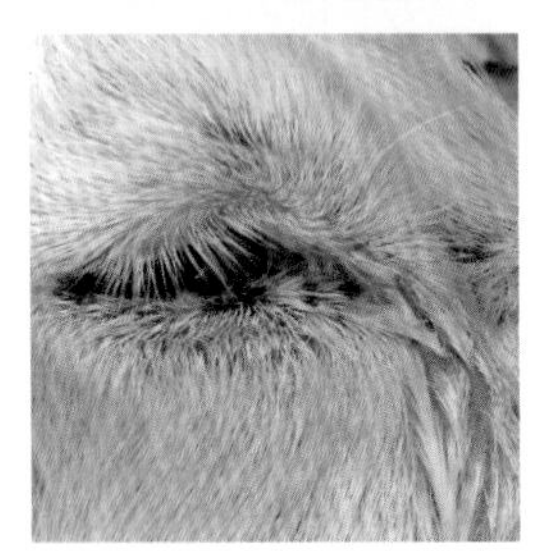

衣原体结膜炎：眼结膜充血、
水肿、大量流泪

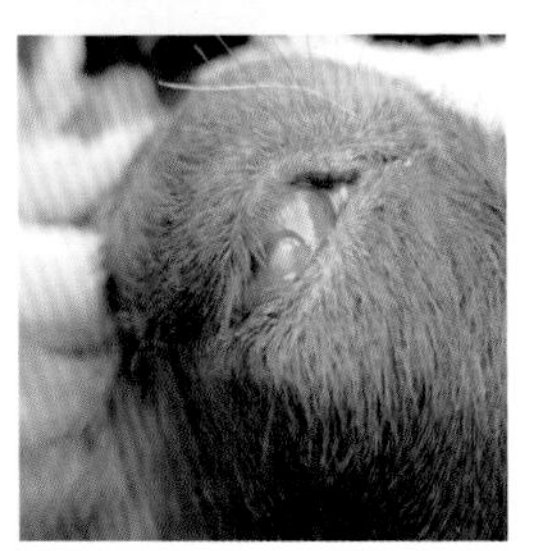

衣原体结膜炎：角膜混浊，
形成大量云翳

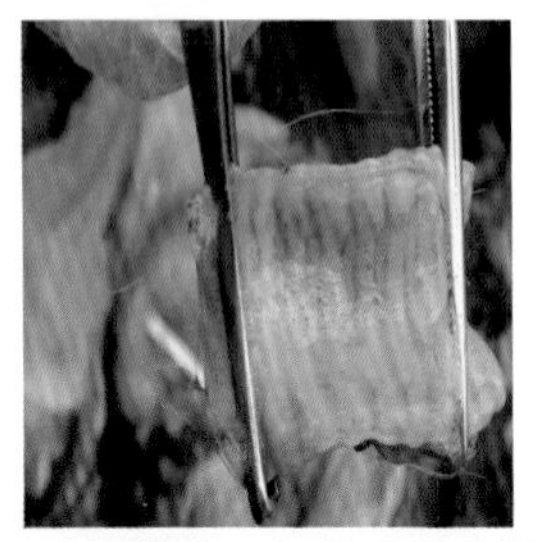

羊巴氏杆菌病：气管黏膜弥漫性
充血，含大量泡沫

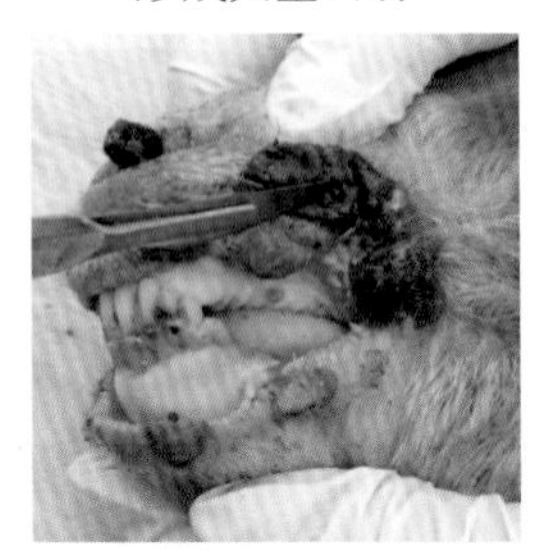

羊口蹄疫：口唇部溃疡和糜烂

羊口蹄疫：羊蹄出现弥漫性
溃疡并结痂

羊口疮：早期病羊口腔及舌头
出现红斑和小结节

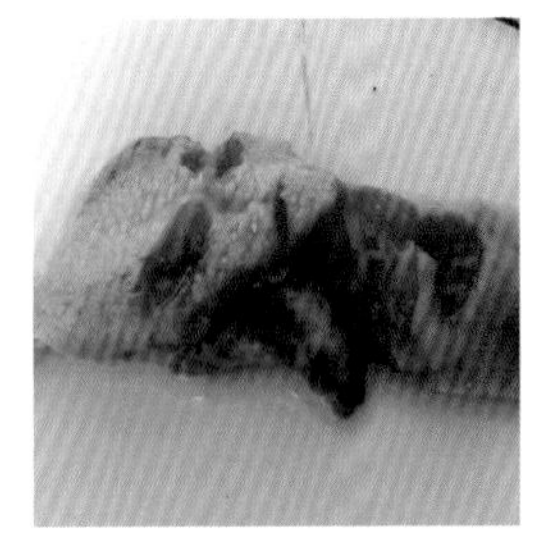

羊口疮：后期羔羊舌头严重溃烂

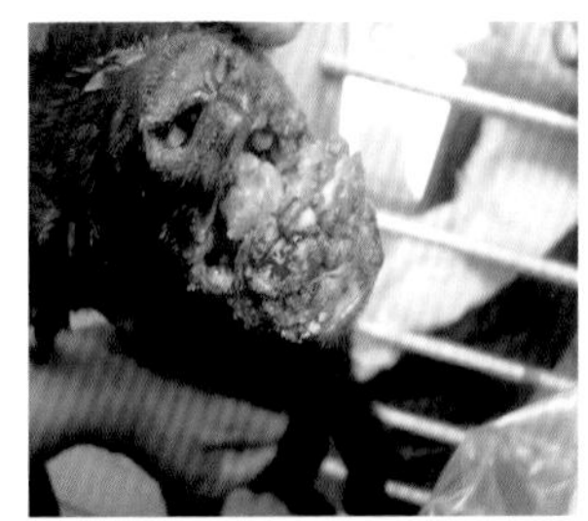

羊口疮：后期肉芽组织增生，
嘴唇肿大外翻

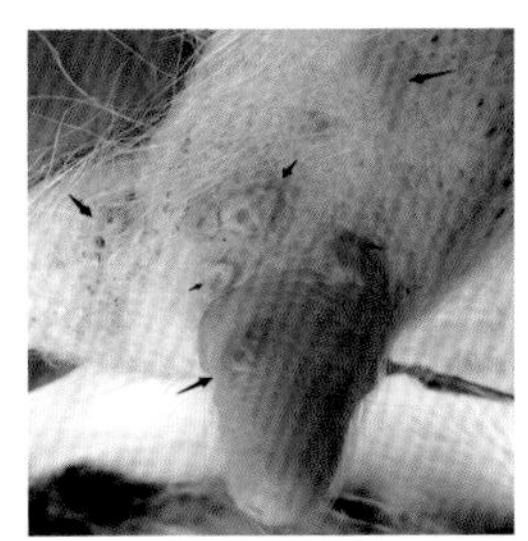

羊口疮：母羊乳房局部红肿，
有破溃的水疱

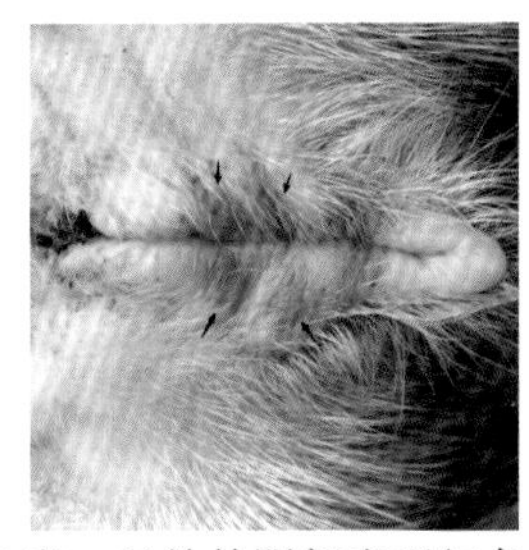

羊口疮：母羊外阴部出现红色丘疹

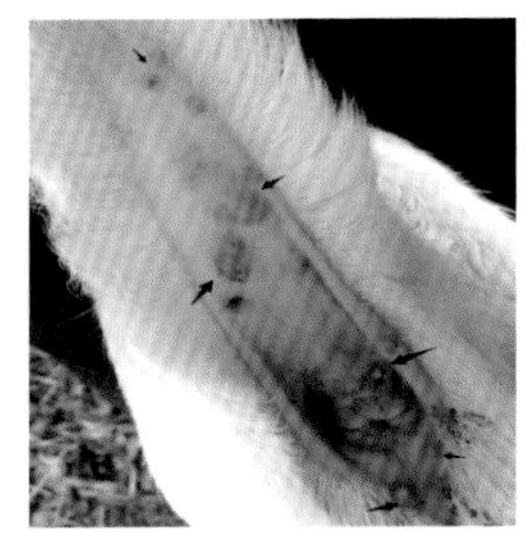

羊口疮：尾根部出现脓疱

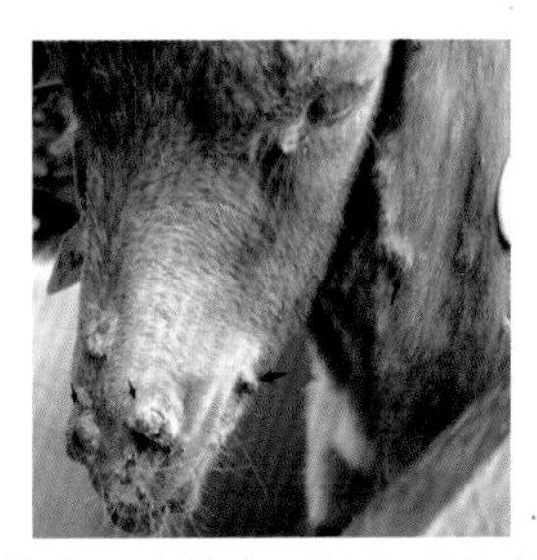

羊痘：病羊头面部出现痘疹

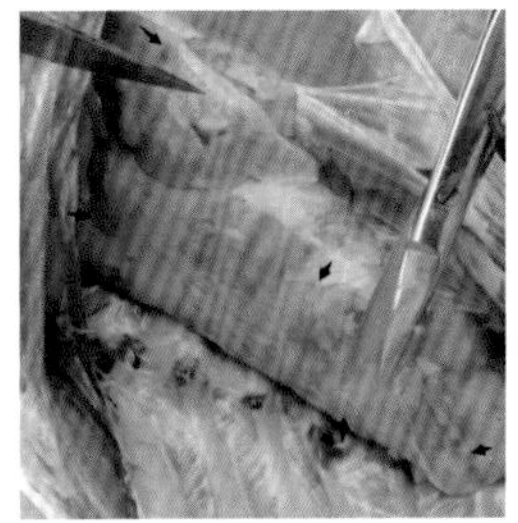

羊痘：肺脏出现大量灰
白色结节（痘斑）

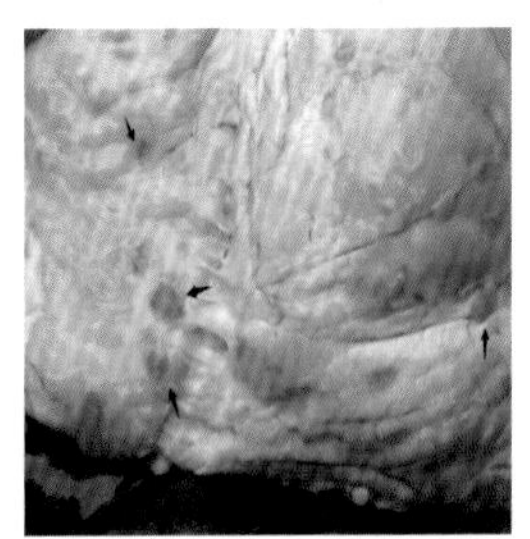

羊痘：胃黏膜表面有大小
不等的结节（溃疡）

羊痘：病羊腹内膜出现圆形结节（痘斑）

脑包虫病原：脑多头蚴绦虫蚴阶段

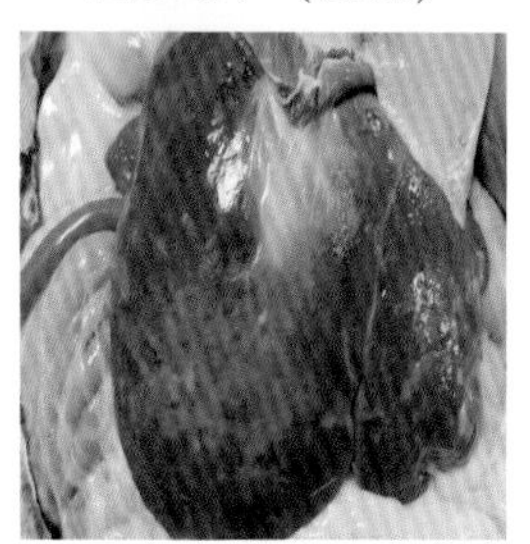

羊肝片吸虫病：肝脏严重沙变，胆管增生

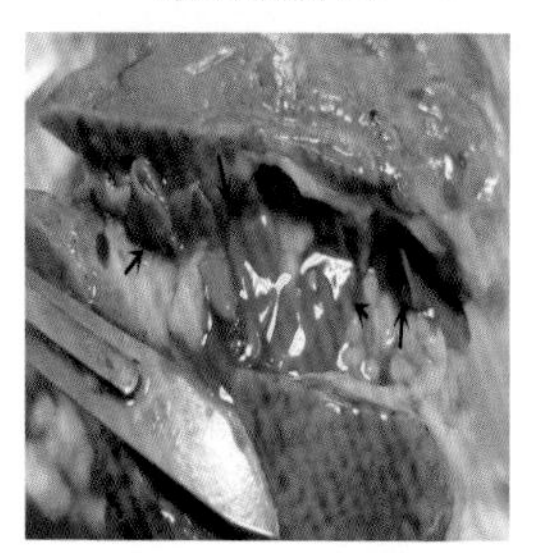

羊肝片吸虫病：肝脏胆管中堆积大量肝片形吸虫

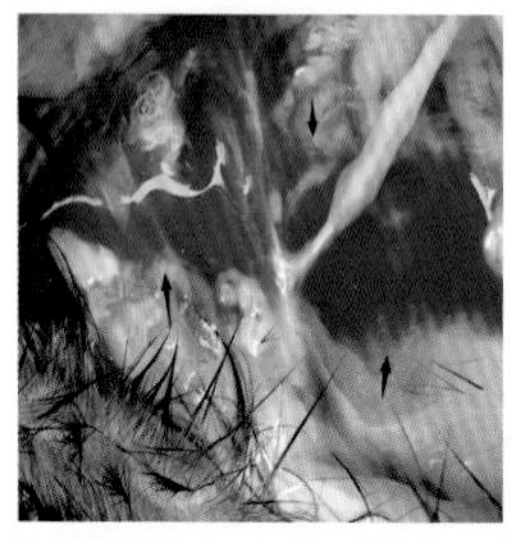

羊肺线虫病：血液透亮、稀薄

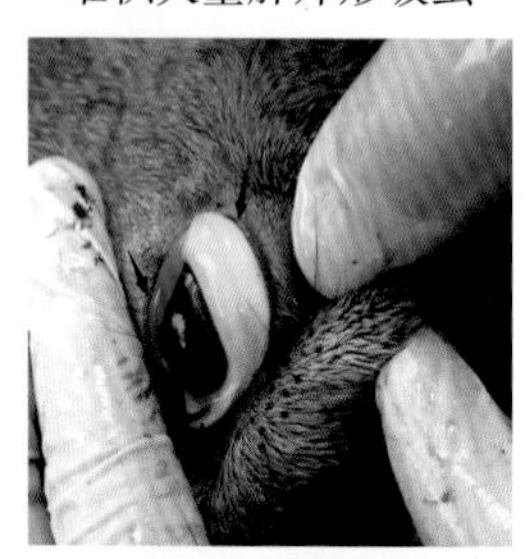

羊肺线虫病：病羊黏膜苍白

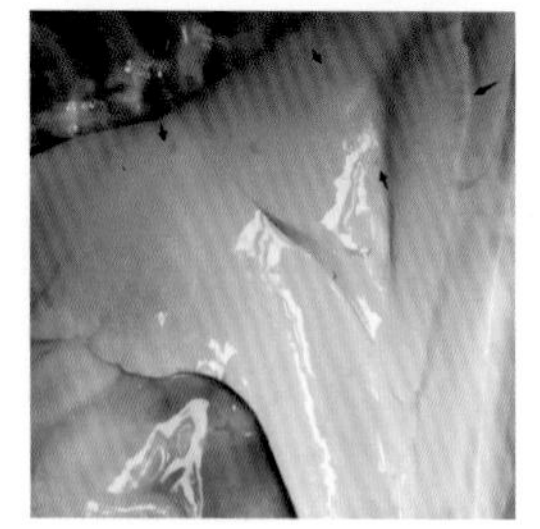

羊肺线虫病：肺脏苍白，表面可见豆状圆斑，触之硬实

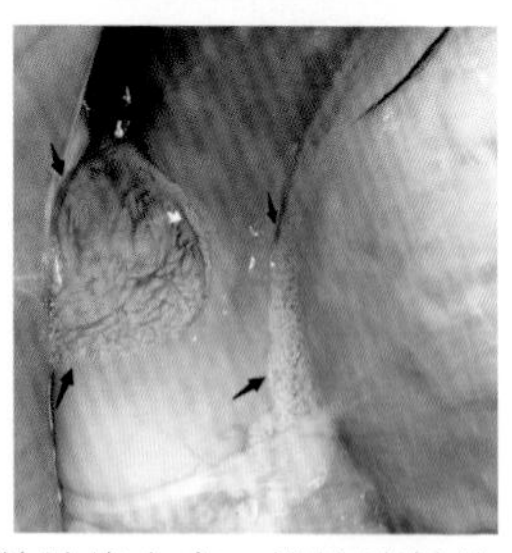

羊肺线虫病：慢性消耗性，脂肪处于消耗状态

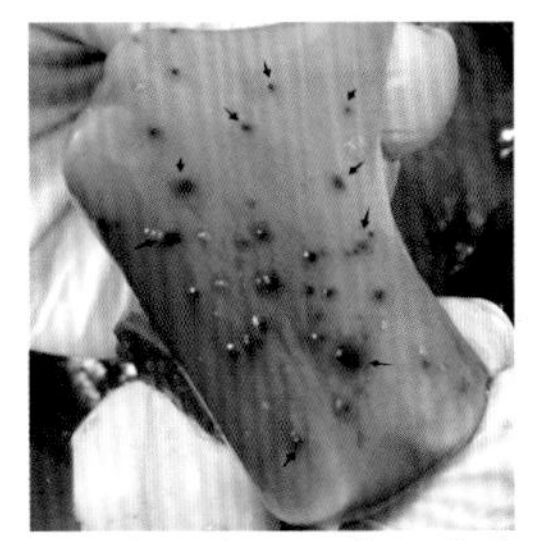

羊肺线虫病：胆囊壁分布弥散性疑似溃疡硬痂

羊肺线虫病：胆囊充盈，肝脏实变

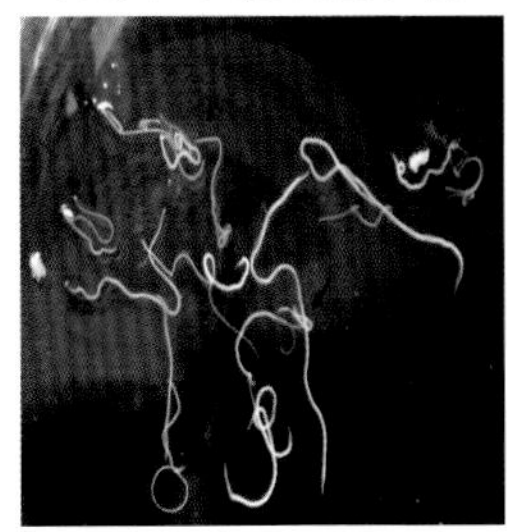

羊肺线虫病：肺线虫虫体

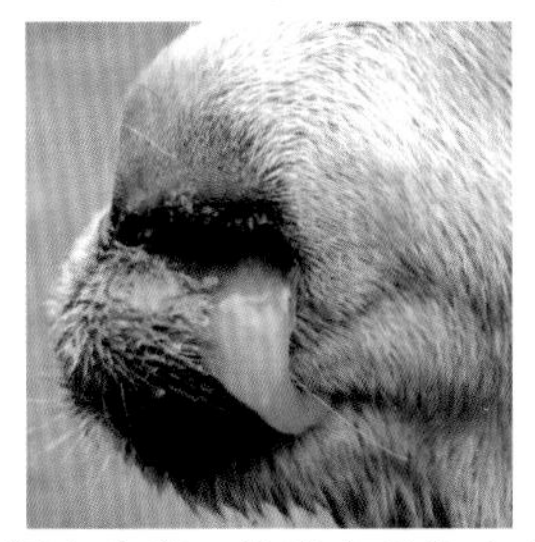

羊阔盘虫病：临床表现为咳嗽，流黏脓性鼻液

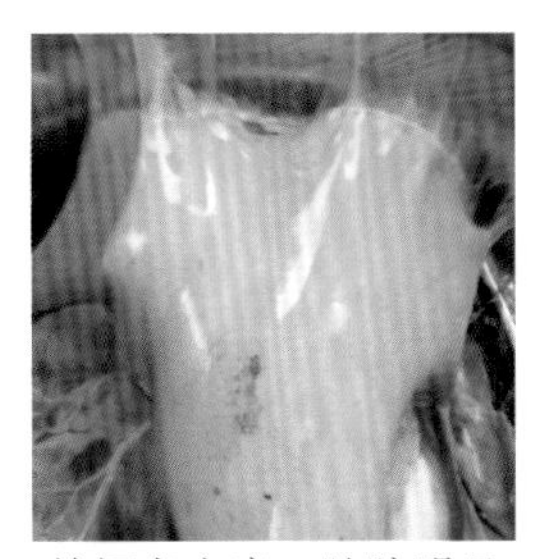

羊阔盘虫病：肺脏明显胰肉样变

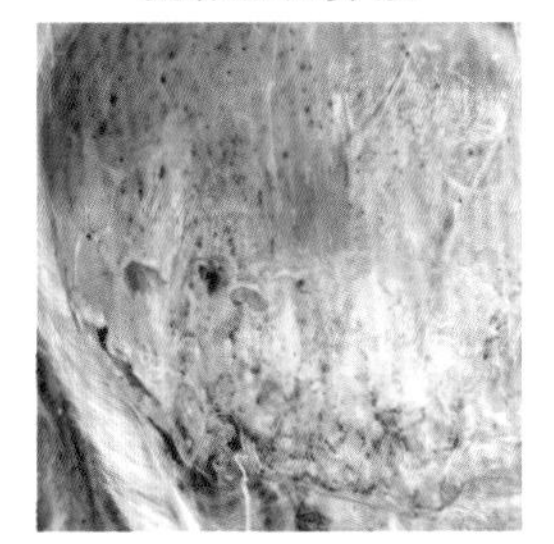

羊阔盘虫病：皮下脂肪弥漫性浸润红色虫卵卵囊

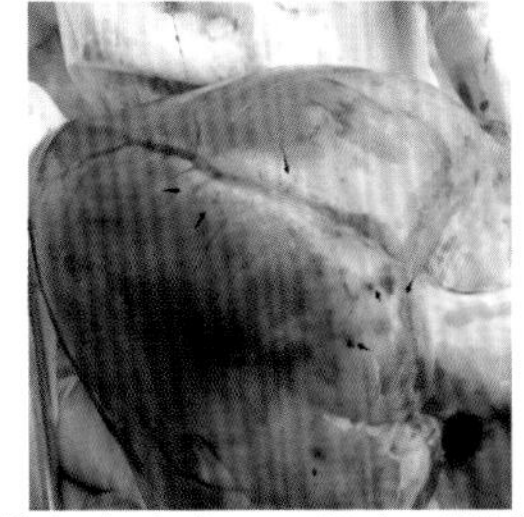

羊阔盘虫病：心肌表面附着红色虫卵卵囊

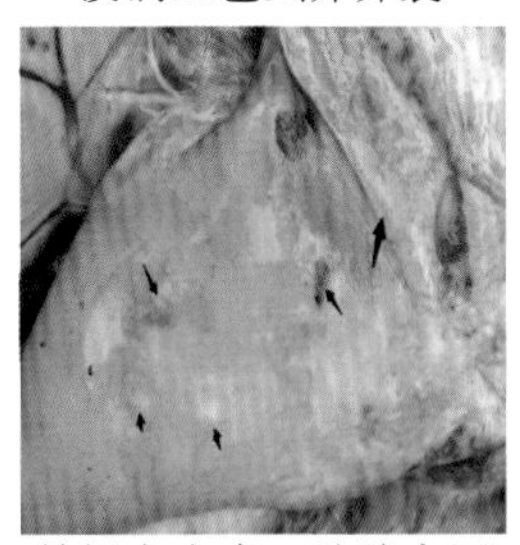

羊阔盘虫病：肺脏表面可见白斑和出血斑

羊阔盘虫病：肠系膜及肠道表面
附着大量红色虫卵卵囊

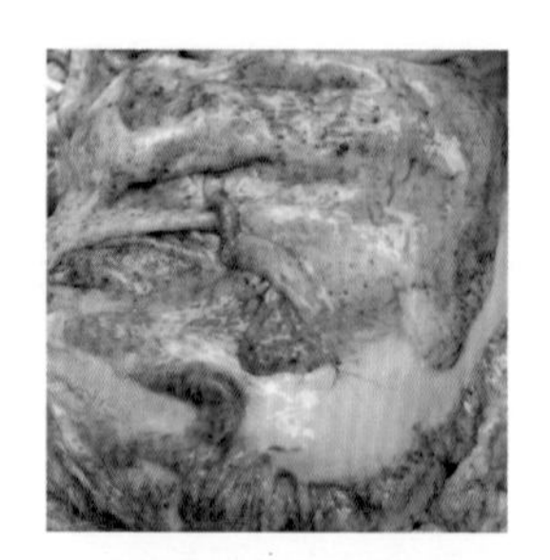

羊阔盘虫病：腹腔网膜弥漫性
红色虫卵卵囊

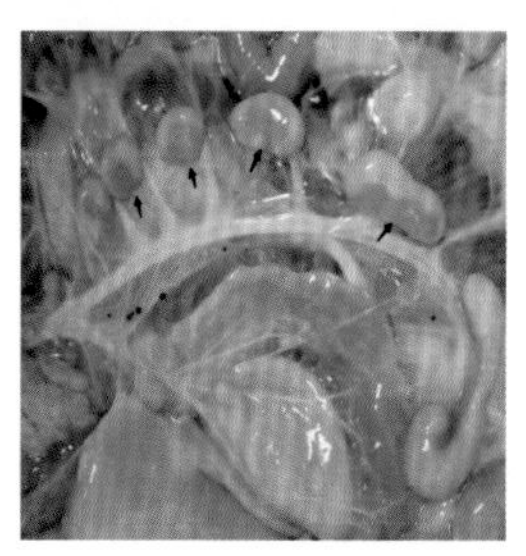

羊阔盘虫病：肠系膜淋巴结水肿

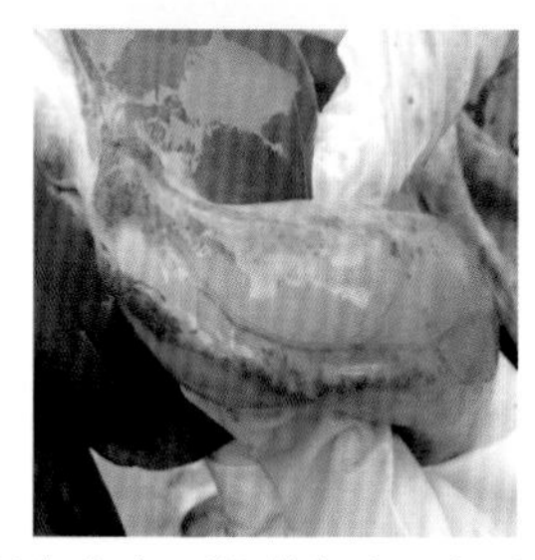

羊阔盘虫病：胆囊充盈，表面系膜
附着大量红色虫卵卵囊

羊阔盘虫病：吸虫虫体

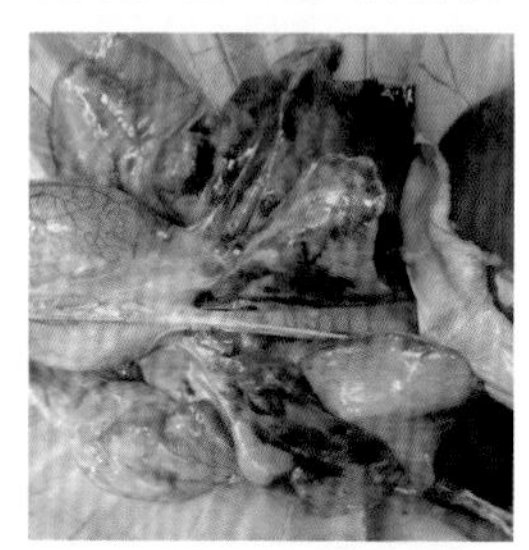

小反刍兽疫：肺脏严重出血

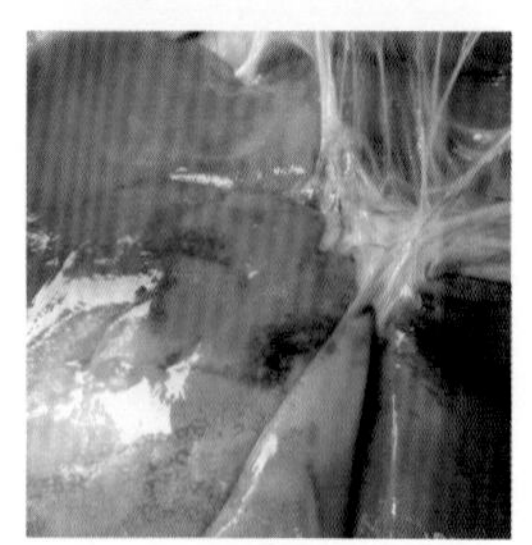

小反刍兽疫：肝脏肿大，局部出血

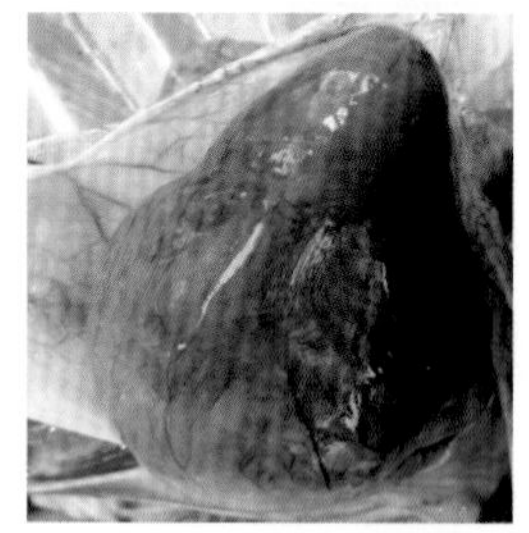

小反刍兽疫：心脏充血性水肿

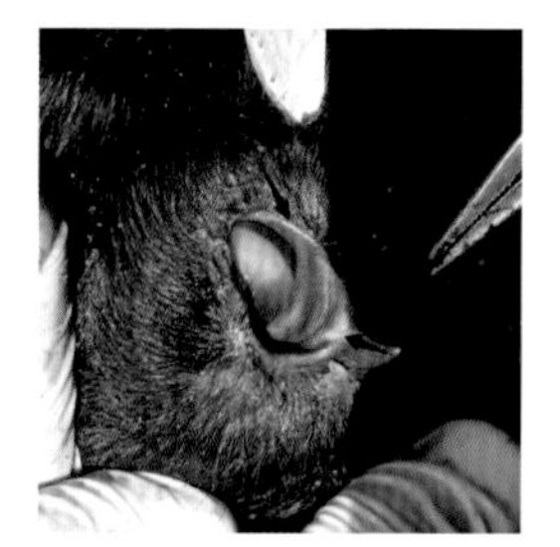

小反刍兽疫：眼结膜严重充血

小反刍兽疫：肾脏充血性水肿

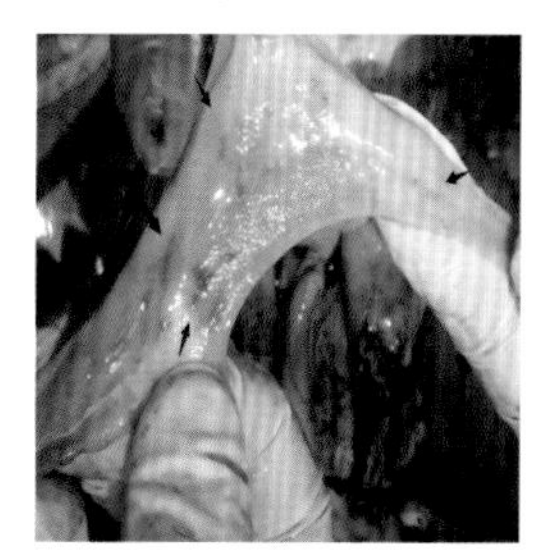

小反刍兽疫：肠道弥散性出血

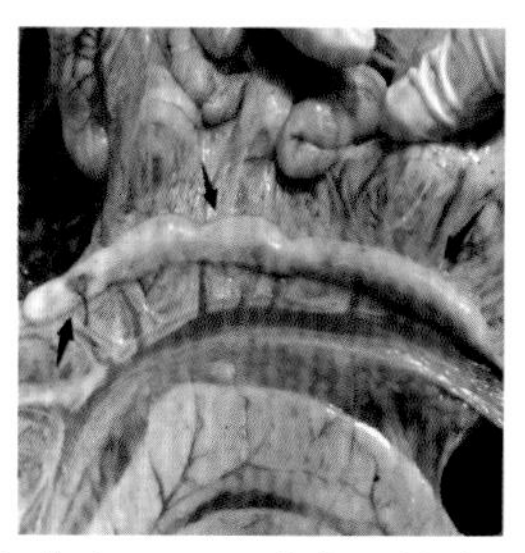

小反刍兽疫：肠系膜淋巴结索状肿大

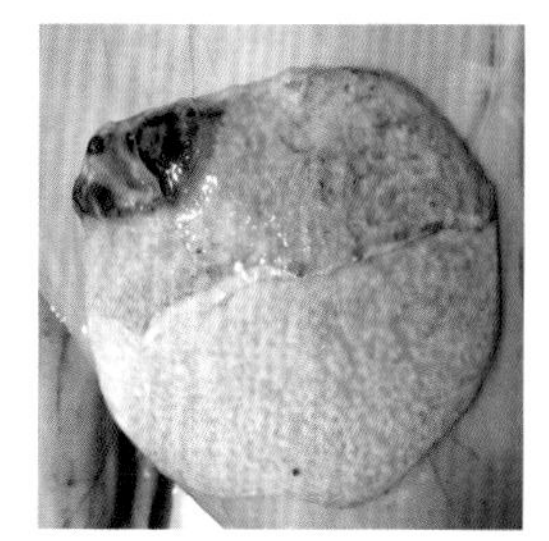

小反刍兽疫：脾脏局部出血性实变

皮肤病之螨病：唇、口角、鼻、眼睛周围布满疮痂

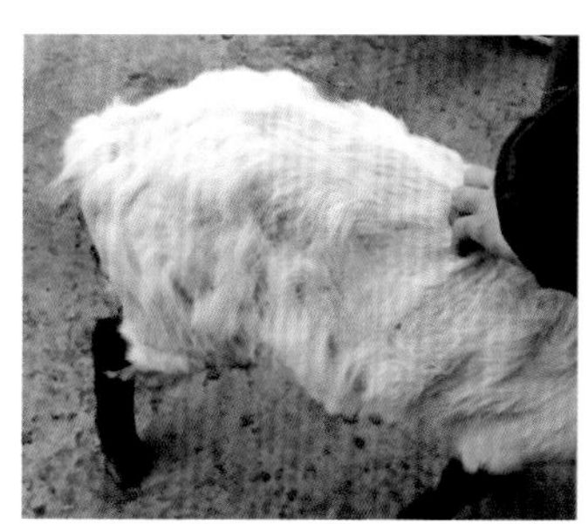

皮肤病之螨病：被毛大片脱落，露出疮痂

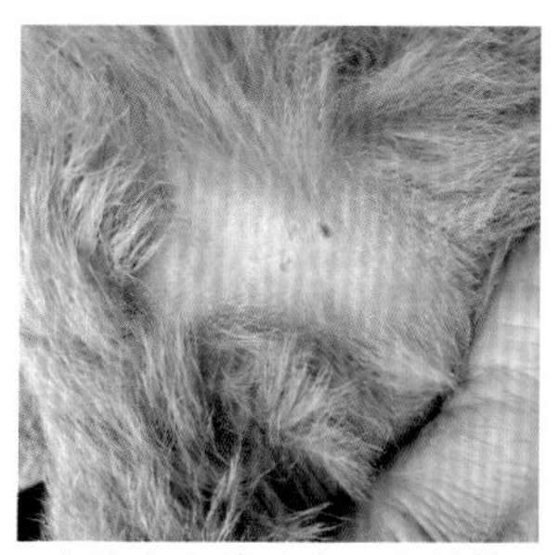

皮肤病之羊虱病：病羊体表脱毛严重

皮肤病之羊虱病：病羊皮毛
附着大量虱卵

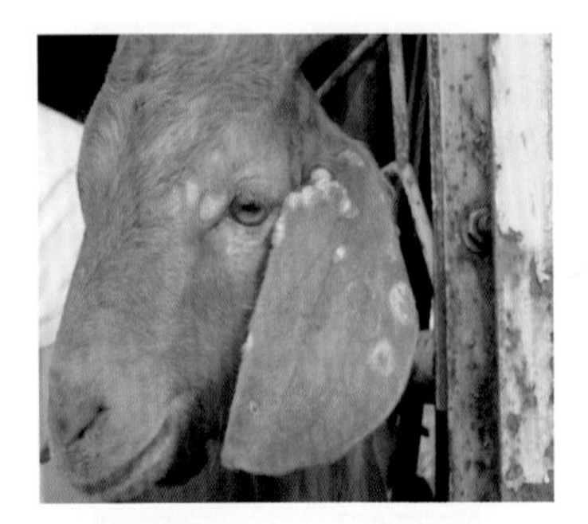

皮肤病之霉菌病：山羊头面部
感染形成圆形癣斑

皮肤病之青霉素过敏：眼睑泛红，
面部无毛处呈疱状凸起

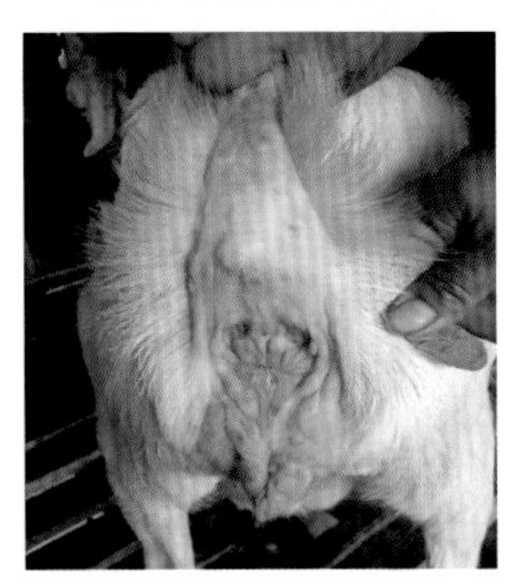

皮肤病之青霉素过敏：
尾根部无毛处呈疱状凸起

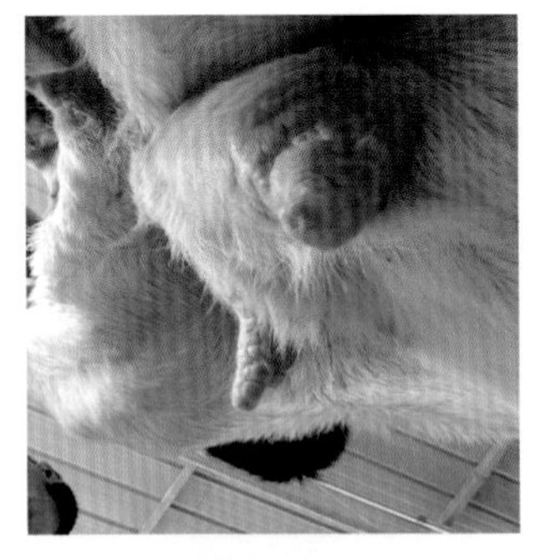

皮肤病之青霉素过敏：乳房乳头
处呈疱状凸起

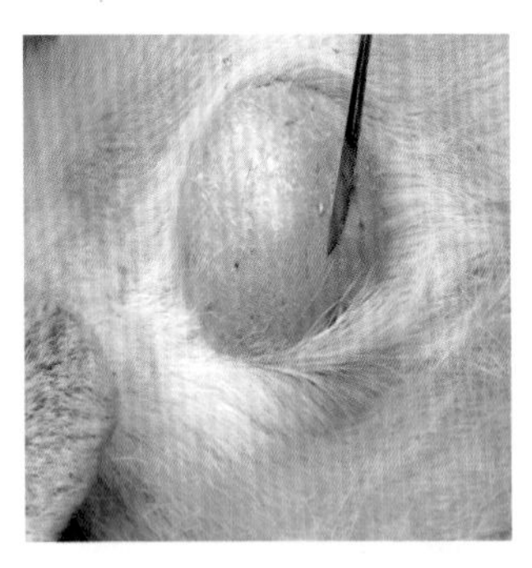

皮肤病之山羊淋巴结炎：股前或髋前
淋巴结化脓性炎症

羊病诊治你问我答

主　编　付利芝　徐登峰

副主编　张素辉　周淑兰　周　雪

参　编　曹国文　杨金龙　黄勇富　杨　柳　郑　华　王孝友
黄　勇　张邑帆　沈克飞　谷山林　杨　睿　翟少钦
邱进杰　王可甜　张成平　朱曲波　钟传德　周　鹏
许国洋　范治培

机 械 工 业 出 版 社

本书针对当前常见的羊病，以问答的形式，用通俗易懂的语言全面、系统地介绍了羊病综合防治技术。本书内容包括羊的生理病理特性及生活习性、山羊的养殖环境与疾病的发生、羊场的生物安全控制措施、羊群用药原则及注意事项、羊的常用疫苗及使用、细菌性疾病、病毒性疾病、寄生虫病、普通病、营养代谢性病、中毒病、生产中常见问题、常见疾病的临床鉴别。

本书科学、实用、简明，使读者一看就懂，一学就会。本书是养羊户、兽医、相关技术人员的必读之书，也可作为相关院校和科研院所的教学、参考用书。

图书在版编目（CIP）数据

羊病诊治你问我答/付利芝，徐登峰主编. —北京：机械工业出版社，2016.7
（高效养殖致富直通车）（2021.4重印）
ISBN 978-7-111-54193-6

Ⅰ.①羊…　Ⅱ.①付…②徐…　Ⅲ.①羊病-诊疗-问题解答
Ⅳ.①S858.26-44

中国版本图书馆CIP数据核字（2016）第153561号

机械工业出版社（北京市百万庄大街22号　邮政编码100037）
总 策 划：李俊玲　张敬柱　策划编辑：郎　峰　高　伟
责任编辑：郎　峰　　　　　责任校对：李　伟
责任印制：常天培
涿州市般润文化传播有限公司印刷
2021年4月第1版·第4次印刷
140mm×203mm·6.25印张·4插页·176千字
6401—7900册
标准书号：ISBN 978-7-111-54193-6
定价：19.80元

电话服务　　　　　　　　　　　网络服务
客服电话：010-88361066　　机　工　官　网：www.cmpbook.com
　　　　　010-88379833　　机　工　官　博：weibo.com/cmp1952
　　　　　010-68326294　　金　书　　　网：www.golden-book.com
封底无防伪标均为盗版　　　机工教育服务网：www.cmpedu.com

高效养殖致富直通车
编审委员会

序

改革开放以来，我国养殖业发展非常迅速，肉、蛋、奶、鱼等产品产量稳步增加，在提高人民生活水平方面发挥着越来越重要的作用。同时，从事各种养殖业也已成为农民脱贫致富的重要途径。近年来，我国经济的快速发展为养殖业提出了新要求，以市场为导向，从传统的养殖生产经营模式向现代高科技生产经营模式转变，安全、健康、优质、高效和环保已成为养殖业发展的既定方向。

针对我国养殖业发展的迫切需要，机械工业出版社坚持高起点、高质量、高标准的原则，组织全国20多家科研院所的理论水平高、实践经验丰富的专家学者、科研人员及一线技术人员编写了这套“高效养殖致富直通车”丛书，范围涵盖了畜牧、水产及特种经济动物的养殖技术和疾病防治技术等。

丛书应用了大量生产现场图片，形象直观，语言精练、简洁，深入浅出，重点突出，篇幅适中，并面向产业发展需求，密切联系生产实际，吸纳了最新科研成果，使读者能科学、快速地解决养殖过程中遇到的各种难题。丛书表现形式新颖，大部分图书采用双色印刷，设有“提示”“注意”等小栏目，配有一些成功养殖的典型案例，突出实用性、可操作性和指导性。

丛书针对性强，性价比高，易学易用，是广大养殖户和相关技术人员、管理人员不可多得的好参谋、好帮手。

祝大家学用相长，读书愉快！

中国农业大学动物科技学院

前言

羊病的发生和流行是制约我国养羊业健康发展的重要因素之一。羊的疫病病原较多且复杂，生产中疫病控制难度大，技术要求高，实用性技术缺乏。为了帮助广大养殖户解决生产上羊疾病的困扰，同时也协助基层兽医工作者的服务，特编写了本书。

本书内容系统全面，一事一问，一问一答，文字言简意赅，通俗易懂，突出科学性、针对性和实用性。本书主要内容包括羊的生理病理特性及生活习性、山羊的养殖环境与疾病的发生、羊场的生物安全控制措施、羊群用药原则及注意事项、羊的常用疫苗及使用、细菌性疾病、病毒性疾病、寄生虫病、普通病、营养代谢性病、中毒病、生产中常见问题、常见疾病的临床鉴别。

需要特别说明的是，本书所用药物及其使用剂量仅供读者参考，不可照搬。在生产实际中，所用药物学名、常用名与实际商品名称有差异，药物浓度也有所不同，建议读者在使用每一种药物之前，参阅厂家提供的产品说明以确认药物用量、用药方法、用药时间及禁忌等。

本书在编写过程中着重于生产实际，注重实用。主要编写分工如下：第一章、第二章和第三章由付利芝、曹国文、杨金龙、杨柳负责编写；第四章、第五章和第六章由周雪、郑华、王孝友、张邑帆负责编写；第七章、第八章和第九章由徐登峰、沈克飞、谷山林、杨睿、翟少钦负责编写；第十章和十一章由周淑兰、邱进杰、王可甜、许国洋、张成平负责编写；第十二章和十三章由黄勇、朱曲波、钟传德、周鹏、范治培负责编写。本书的图片由张素辉、黄勇富提供和编辑。

由于编写时间仓促，书中难免存在问题或错误，敬请广大读者批评指正。

编　者

目录

第三章　羊场的生物安全控制措施

第四章　羊群用药原则及注意事项

第五章　羊的常用疫苗及使用

第六章 细菌性疾病

第七章 病毒性疾病

第八章 寄生虫病

第九章 普通病

第十章 营养代谢性病

第十一章 中毒病

第十二章 生产中常见问题

第十三章 常见疾病的临床鉴别

第一章 羊的生理病理特性及生活习性

家养动物均是由野生动物驯化而来，每一种动物都有自己独特的生理特性和生活习性。养殖者知道或者了解了动物的基本生理特性和生活习性，就能够很好地掌握养殖技能，提高自身的养殖知识结构和素质。羊作为草食动物，在生理特性和生活习性方面都有自己的特点。

1 羊的基本生理特点有哪些？

（1）消化道特点 羊作为反刍动物，有四个胃，依次为瘤胃、网胃、瓣胃和皱胃。瘤胃中有大量的纤毛虫和微生物，能够分泌纤维素酶、淀粉酶、纤维二糖酶等消化木质纤维的大量酶；网胃具有过滤重物（如食物中的钉子和铁丝）的作用；瓣胃的主要功能是阻留食物中的粗糙部分，继续加以磨细，并送入皱胃，同时吸收大量水分；皱胃又称为真胃，有胃腺，能分泌胃液，能把营养物质消化为可以吸收的营养成分，真正起消化作用。

羊有反刍和嗳气的生理特点。羊吃草时稍加咬食后吞入瘤胃，休息时，再将未经充分咀嚼的食物返回口腔仔细咀嚼，再行吞下，这种完成再咀嚼的消化动作称为反刍。瘤胃中具有大量的微生物，在消化和发酵纤维时产生大量气体，这些气体通过口腔排出，这一过程称为嗳气。

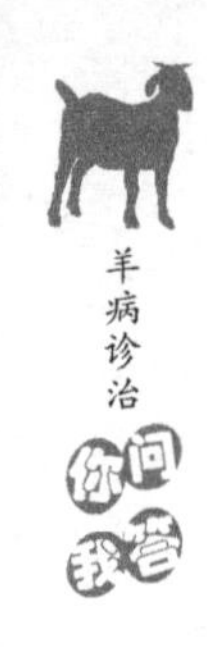

➡【提示】羊完全停止反刍运动，是前胃机能障碍的表现，病情严重；嗳气完全停止，常见于食道阻塞和前胃机能严重障碍。因此，羊反刍和嗳气出现异常，要及时进行诊疗。

(2) 繁殖特点 山羊一般5～6月龄时性成熟，绵羊一般为6～7月龄。绵羊一般1年产1胎或2年产3胎，其中大尾寒羊、小尾寒羊和湖羊比其他品种绵羊的繁殖能力强，常见产双羔和3羔。山羊一般每年产1～2胎，每次产羔1～3只。重庆地区的大足黑山羊年产羔能够达到2～3只。

羊正常的繁殖力会受遗传、营养、季节、配种时间和技术、年龄与健康状况等方面影响。

1）遗传影响繁殖力较大，不同品种之间差异特别明显。

2）营养是影响羊繁殖力的重要因素。青年羊营养不足会造成初情期和性成熟延迟；成年羊营养不足会造成不发情或发情不规律；公羊营养不足能造成精液品质下降、性机能衰退。但营养过剩会影响母羊的正常发情和排卵。一些特殊的营养物质（如蛋白质、脂肪、维生素和矿物质）不足，也能导致羊的繁殖力下降。

3）季节主要通过温度和光照来影响羊的繁殖力。绵羊的繁殖季节一般是7月至第二年的1月，而发情最多最集中的时间是8～10月；山羊的繁殖为常年性的，但是南方高温高湿季节发情较少。

4）羊发情期内有一个最佳的配种时机，排卵前的12～15小时。在环境条件差异不大的情况下，配种人员对发情的鉴定、配种技术水平以及产后护理等技术水平会影响羊的繁殖力。

5）种公羊和母羊的繁殖性能到一定年龄会逐渐下降，种公羊5～6岁繁殖能力开始衰退，母羊6～8岁繁殖能力开始衰退。

➡【提示】在自然放牧情况下，公、母羊配种比例一般为1:20，即将1只公羊放入20只母羊群中，自由交配。

(3) 生长特点 羔羊出生后在1个月内生长快，体重每天最快能增重300克以上。1月龄内羔羊的生理性体温调节机能、新陈代谢能力均有所提高，在20日龄左右，瘤胃功能逐渐增强，可以开始对其诱食青草。羔羊约4月龄断奶，在青草丰富的季节对其生长发育影响不大，在冬季天然牧草缺乏季节羔羊容易出现掉膘减重现象。羊1～1.5岁达到体成熟，生长速度较前期明显减缓。羊在成年期内生理机能旺盛，生产性能最高，毛用羊的使用年限一般是5～6岁。

2 山羊的重要生活习性有哪些？

（1）活泼好动，喜欢攀爬 山羊属于人类的驯养动物，生性好动，除卧息反刍外，长期处于运动之中。羊的好动性在羔羊身上表现尤为突出，如身体后肢站立、跳跃嬉戏等。同时，山羊具有很强的攀登和跳跃能力。因此，舍饲山羊时运动场应该宽敞，圈舍的围栏要有足够的高度。

（2）喜欢群居 无论是舍饲还是放牧的山羊均喜欢群体活动。一群羊中，年龄大、身体强健的羊为领头羊，领导全群统一行动；在繁殖季节除偶有公羊因争夺配偶而发生格斗外，一群羊之间均是和睦相处。

（3）喜欢清洁 山羊喜欢清洁，有异味、被粪便污染或腐败的饲草料均不爱吃；山羊喜欢喝清洁的饮水。舍饲的山羊，其饲草和饮水要保持清洁，减少浪费。

（4）喜欢干燥 山羊特别喜欢干燥凉爽的生活环境，山羊在炎热潮湿、空气污浊的环境下容易感染疾病，特别容易感染呼吸道疾病；在高温潮湿环境中，只要生产管理水平跟得上，山羊也能够正常生活和繁殖。

（5）适应性强 山羊的生存能力强，无论高山、平原、热带还是寒带，山羊均能适应。

（6）采食性广 山羊可食饲草的种类较多，有豆科牧草、禾本科植物、灌木丛嫩枝条以及树叶。很多农副产品均可作为山羊的饲料来源，如作物秸秆、红苕藤、嫩玉米芯等均可饲喂山羊。

3 绵羊的重要生活习性有哪些？

（1）耐性强 绵羊的耐逆性强，在恶劣的自然环境和营养缺乏的情况下，也能够生存。在牧草丰富的季节，能够迅速储积脂肪，增加膘情；在寒冷的枯草季节，能够维持机体和繁殖。绵羊适宜的

繁殖配种环境温度为10～20摄氏度，生长适宜温度为20～30摄氏度，在-5～30摄氏度之间均能正常生活。

（2）采食性强 能够饲喂绵羊的牧草种类较多，各种牧草、灌木和农副产品均可作为饲料。在草原、山地、田畔、山间均可饲养绵羊。

（3）胆小易惊吓 绵羊天生胆小懦弱，性情温顺，容易受到惊吓而突然“炸群”乱跑，因此饲养圈舍门要宽，以免挤伤。

（4）喜干厌湿 绵羊喜欢在干燥通风的环境采食和卧息；绵羊不适宜在湿热的环境中生长发育。因此，绵羊的圈舍应该修建在遮阴、通风、不晒的地方。炎热夏季，绵羊放牧时喜欢拥挤低头扎堆，会出现呼吸不畅急喘现象。

（5）母仔相认能力强 绵羊的嗅觉灵敏，在大群饲养情况下，绵羊依赖嗅觉、听觉和视觉能够母仔准确相识。羔羊识别母羊主要是依据腹股沟的分泌物。

4 羊的正常生理常数是多少？

羊的呼吸、体温和脉搏等的变化与年龄、性别和活动情况等相关。如羔羊的代谢旺盛，其体温和呼吸次数一般比成年羊的高。羊的正常生理常数见表1-1。

表1-1 羊的正常生理常数

类　别	体温/摄氏度	脉搏/(次/分钟)	呼吸/(次/分钟)
山羊（成年羊）	38.5～40	70～80	10～20
绵羊（成年羊）	37.6～40	70～80	12～20
羔羊	40～41	90～100	35

5 羊的消化特点有哪些？

（1）瘤胃的作用 成年羊的瘤胃总容积能够达到20升以上，容纳食入的青饲料和粗饲料，作为一个暂时的储藏库。瘤胃内的温度为40摄氏度，pH为6～8，呈酸性。瘤胃中存在大量的微生物，这些微生物能够分泌纤维水解酶、淀粉酶、纤维二糖酶用于分解粗纤维，分解过程中产生一些低级脂肪酸，如乙酸、丙酸和丁酸等。这些有机酸大部分被合成葡萄糖参与体内代谢，还有一些参与氨的合成。这些有机酸对瘤胃内正常酸碱度的维持也有作用。其中一些微生物能将含氮物质转化为质量好、生物利用价值高的菌体蛋白，从而被机体吸收利用。羊的机体不能合成B族维生素和维生素K，但是瘤胃内的微生物能够合成维生素B_1、维生素B_2、维生素B_{12}和维生素K。

（2）肠道特点 羊的小肠特别长，一只成年羊的小肠可达17～34米，为体长的25～30倍。作为羊的主要消化器官，小肠长，而且表面积大。小肠还能分泌大量的消化酶，如蛋白酶、脂肪酶和糖化酶等，使食物中的养分能够充分消化吸收。

（3）羔羊的消化特点 羔羊在哺乳期瘤胃内的微生物区系尚未形成，不能大量利用粗饲料和粗纤维，真正能消化食物的是皱胃。哺乳期的羔羊应该补饲高蛋白饲料和青草，以及多种氨基酸。

【提示】 成年羊不能饲喂抗生素，通过口服的抗生素能够抑制瘤胃中微生物的繁殖，从而影响饲料的消化吸收。羔羊瘤胃内微生物的正常菌群尚未形成，可以通过口服给药，服用抗生素可治疗消化道疾病。

6 羊的外观健康检查有哪些内容？

对羊的膘情、被毛、头部牙齿等部位进行外观检查能够评估出羊的健康情况。

（1）被毛 绵羊的被毛是否有毛结，毛结能够遮挡眼睛，影响采食。缠结的被毛带有分泌物时，有可能患上真菌性皮肤病。若毛结上没有分泌物，可能是患有慢性疾病或者营养不良。绵羊的被毛不卷曲，呈刚硬形状时，可能是由于铜缺乏导致。羊只存在全身脱毛或局部脱毛的情况下，可能是由于全身性疾病或营养代谢性疾病导致。

（2）皮肤 仔细观察羊的皮肤，被毛覆盖的地方可以扒开看，观察是否有寄生虫，如虱子、羊皮蝇、疥螨、蚊蝇等。羊患痒病时，会找墙壁或圈栏反复擦拭瘙痒部位。脂溢性的皮炎通常是由营养不良造成的。疥螨病常常导致皮肤有结痂。蠕形螨病、脓肿、脓疱等，

常在皮肤出现结节。白色、皮肤薄的羊容易被太阳灼伤，乳房处多发；有一些羊对光有过敏现象，会引起头部震颤、不安、发痒、肿胀和脱皮。寒冷能够冻伤羊的皮肤，主要是四肢远端的皮肤产生脱落。

（3）头部　公羊的斗殴行为较常见，常常头部发生损伤，损伤后容易继发感染。由于公羊的头部一般会有较长的犄角，斗殴时容易插入对方的头颅和眼睛，要随时注意修理羊的犄角。李斯特菌感染后会导致羊的神经功能异常，如唇下垂、眼睑下垂；面部有刺伤会导致肿胀。检查眼部有无分泌物，有无结膜炎，脸上有无泪痕。羊的线虫病、铜中毒能够导致角膜结膜炎。羔羊有一种遗传缺陷病，即眼睑内翻，在刚出生后就可见到该病，但要在1日龄或更长时间才能查出此病。眼睑内翻容易继发角膜炎。绵羊检查唇部是否有水疱和结痂。山羊发生传染性口疮时，口部有水疱。

（4）牙齿　牙齿缺失，主要常见于老龄的羊。老龄羊牙齿磨损变化大，容易患牙周炎和牙齿脱落。牙齿脱落对舍饲的羊影响不大，但是对放牧的羊影响较大，采食量受到影响而下降后会导致体况下降，臼齿的缺失主要见于体况下降，下颌骨有瘘管、排泄管或脱落齿周围的骨质增生。作为后备的种羊，要检查是否存在上颌突出和下颌突出；轻度突出不影响羊的生长发育能力，但是不能够作为种羊来育种。羊传染性口疮能够引起齿龈部位的溃疡而导致过度流涎。破伤风能够引起吞咽障碍。羊鼻蝇能够使羊喷鼻和鼻腔流浆液性分泌物。绵羊的舌头呈蓝紫色，患绵羊蓝舌病。

7 如何识别病羊？

羊生病时，其外观、精神状态、行为以及粪便等方面会有异常表现。管理人员或饲养人员应该从以下几个方面进行细心观察，鉴别羊是否生病。

（1）外观　健康羊的被毛是光润有弹性的；病羊的被毛粗糙无光泽，易脱落。健康羊的可视黏膜，如眼结膜、口腔和鼻腔黏膜为浅粉红色；病羊的可视黏膜发红、苍白、赤红，有时出现溃疡和脓肿；病羊的皮肤有可能出现疹块、溃疡和脓肿等。

（2）精神状态 健康羊眼睛有神，反应灵敏。患病羊精神呆滞、委顿，耷拉着头，对外界的反应迟钝。采食反应不同，健康羊跟群争食，采食速度很快；而患病羊会长时间离群，采食慢或者停食，卧地不起。休息时，健康的羊常常分卧于圈舍中，姿态呈斜卧，前肢屈于腹下或左后肢向左伸出，头颈抬起，反刍较频，有响动时，起立观望，反应灵敏。病羊休息时常挤卧在一起，四肢屈于腹下，头颈向腹部弯曲，减少或停止反刍，有人接近时也不躲避。临床上也有精神亢奋类病羊，其不卧地休息，四处奔走或在墙面、圈栏门乱蹭。病羊处于热性病的前期，表现一般为精神亢奋、烦躁；精神沉郁一般属于患病后期或者慢性消耗性疾病的表现；神志不清、精神委顿多属于危症病例。

（3）生理状态 病羊的体温、心率和呼吸频率一般都有异常变化。健康山羊的体温是38.5～39.5摄氏度，健康绵羊的正常体温是38.5～40摄氏度，体温在此范围外均属于病态；健康羊的心跳强健均匀，心音清晰，一般为70～80次/分钟。羊的心率检查是从左侧的3～6条肋骨间听诊。山羊和绵羊正常的呼吸频率分别是10～20次/分钟和12～20次/分钟，健康羊呼吸声是“夫夫”的，患病羊的呼吸声是“呼噜、呼噜”的。检查羊呼吸音的方法是胸部听诊。

> 【提示】 提示：羊正常体温在24小时内略有变动，一般是上午低，下午高，相差1摄氏度左右。

（4）排便 健康羊的粪便形状为椭圆形，颜色会因季节差异呈黑褐色或黑绿色，不互相黏结。若粪便变稀，颜色变黄或白，或有黏液膜或血丝，味道臭，可能由于胃肠道有炎症或者肠道寄生虫所致。

8 病羊剖检检查什么内容？

由于病原的毒力、羊的身体状况、环境条件等差异，同样的疾病，在临床症状的表现上不尽相同。一些传染病、寄生虫病在临床上会呈现相似的症状。不是所有的传染病和寄生虫病都具有特征性的症状。有的传染病、寄生虫病表现为消瘦型，有的表现为顿挫型，有的表现为非典型型。当羊群发生疫病时，仅根据临床症状诊断不

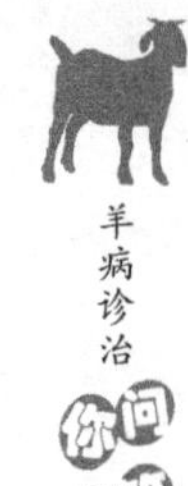

易确诊，必须根据剖检病变及实验室检测才能判断。剖检时，先打开病羊的胸腔，后打开腹腔。病羊剖检的检查内容以及观察要点见表1-2。

表1-2　病羊剖检的检查内容以及观察要点

检查器官或部位	检 查 内 容
肺脏	颜色、大小、有无出血和炎性渗出物，触摸检查肺叶有无硬块、结节、气肿；检查气管和支气管有无黏液以及出血等，横切肺叶检查切面的色泽、渗出物和有无出血，检查是否有脓肿、结节、气肿和寄生虫等
心脏	心肌有无出血，大小、硬度以及心包有无积液，积液的颜色和渗出物
肝脏	颜色、硬度、充血和出血情况，有无斑点，肝门静脉是否怒张以及胆囊及其内容物形态
肠道	是否有异物存在，出血否，有无溃疡、套叠、扭转以及寄生虫等情况，检查食糜的颜色及气味
肾脏	检查肾脏的大小、色泽，是否肿胀，有无出血等
膀胱	大小、充盈程度、尿液及色泽，有无寄生虫、结石以及膀胱黏膜有无出血和炎症等
子宫	检查子宫内是否有充血、出血、异物以及炎症等
睾丸	睾丸的大小，有无炎症、结节、坏死、萎缩和肿大等病理变化
口腔	牙齿、牙龈有无出血，唇部有无水疱或溃疡等
鼻腔	有无炎性肿胀、寄生虫、蓄脓等
颅腔	脑膜有无出血、充血以及寄生虫等

9 病料采集有哪些要求?

（1）新鲜　供实验室检测的病料必须新鲜。处于腐败变质的尸体不能采集病料。细菌学检查的病料应采集未使用抗生素治疗的病死羊。

（2）无菌　采样所用器械事先高压消毒。取样部位表面用酒精或火焰消毒。保存样品的容器或采样袋需要无菌的。操作过程中尽量避免样品被污染。

(3) 样品的保存 应根据疫情情况而定。一般采集肺部、胸腔积液、心包积液、肝脏、淋巴结、脑组织等。做病原检查病料保存用50%的灭菌甘油生理盐水；病理组织学检查的样品要用福尔马林液保存。血清学检查用的血清样品要及时分离后送检，必要时需放在4摄氏度冰箱短期保存，或-20摄氏度长期冻存。羔羊或死胎可送全尸到实验室，视情况而采集病料。

(4) 个人防护 山羊和绵羊能够感染多种人畜共患病，在采集病料时应戴手套、口罩。疑似炭疽的病例不能剖检，应采取局部皮肤或耳尖送检。对一些确实需要剖检的病例，一定要严格做好消毒和防护措施，防止病源扩散。

(5) 采样后的尸体处置 一般是挖坑深埋，其中加入足量的生石灰与病死羊的尸体一起填埋。也可以采用焚烧或者生物发酵方式处理，剖检留下的血迹、粪便等用消毒药水喷洒消毒。

10 病料样品的保存或寄送有什么要求？

(1) 标注 病料采集的时候要注明羊的品种、年龄、发病情况、流行病的特点、采集时间、采集地点、宿主名称、送检目的、病料名称、保存液等数据。

(2) 保存 根据病料用途和病源特性选择保存的方法。做病原学检查的病料要冷藏保存，应将不同部位的病料，分别装入小口瓶，加入50%的甘油生理盐水；做病毒分离的还需要加入一定量的青霉素和链霉素。做细菌检验的病料不能加青霉素和链霉素，保存病料的时间不能过长，应尽快密封送检。供细菌或病毒学检查的血液应加入抗凝剂，以防凝固，但是不能加入防腐剂。常用的抗凝剂为5%的枸橼酸钠溶液，按1毫升抗凝剂加10毫升血液的比例，轻轻摇匀即可。

(3) 病理切片的病料 取被检组织3立方厘米，加入8~10倍的10%福尔马林或95%酒精中。

第二章 山羊的养殖环境与疾病的发生

羊群生活的环境，对其繁殖性能、生产性能以及疫病的传播都有决定性作用。在高温、高湿以及通风不良的情况下，羊群的健康状况以及生产成绩必定会下降；养殖环境中残留的重金属和病原微生物将长期存在，一直危害羊群的健康；养殖场的选址以及圈舍的分布将会长期影响羊群的生产成绩和生活福利等。这些危害因素在选择养殖场初期就可以杜绝，因此必须科学选址和合理布局羊场（舍）。

11 山羊养殖场的选址有何原则？

羊场建设之前要考虑饲养规模、社会条件和自然条件，需要因地制宜。同时，要充分了解当地和四周的疫情情况，不要在传染病和寄生虫病疫区建场，羊场四周的居民和家畜应尽量少些，便于发生疫情时隔离封锁。羊场选址应具备下列几个基本条件。

（1）地势干燥平坦 羊舍要修建在地势较高、排水良好、舍内和舍外易干燥的地方。羊舍地面土壤要容易滤水，透水和透气性好。山区建场需选择背风向阳，宽敞的缓坡；低洼、山谷、背阴的地方均不宜建羊场。

（2）水源充足、良好 选择建场地址前，要考察水资源，了解水质情况。羊场不能建于屠宰场、有污染的工厂附近；羊群饮用水中大肠杆菌数、固体物质、硝酸盐和亚硝酸盐总含量都应符合卫生标准。

（3）交通方便 羊场应修建于交通方便的地方，便于饲草运输以及羊群放牧时进出；羊场距公路主要交通干线、铁路、江河 500 米以上；羊场周围 3 千米内无化工厂、屠宰场、肉品加工厂、皮革厂等；羊场离村镇不少于 500 米。

12 羊舍环境与疾病的发生有什么关系？

羊舍选址对羊群的健康至关重要。如果选择的场址环境条件不适宜，对羊群的健康就会带来负面影响。羊舍选址时，要注意以下几个方面。

（1）空气 环境中空气不要有有害气体，如氟化物、氮氧化物、二氧化硫、各种农药气体等。在有有害气体的环境中，山羊比较敏感，容易发生呼吸道疾病。

（2）土壤 羊舍环境的土壤和水源中，如果含有病原微生物、寄生虫（卵）、矿物性毒物、腐败产物等，羊群在这样的环境中易发生疾病。

（3）重金属 羊舍的土壤和水源中不能含有超标的某些微量元素，如铅、汞、砷、有机农药、氰化物等。这些重金属的存在易使羊群发生慢性蓄积性中毒病。

（4）湿度 羊舍大环境不能处于低洼处、河道、池塘边、洪涝及地质灾害等地方。羊的生理特点就是喜干厌湿。在潮湿的环境中，病原微生物存活的时间较长，容易使羊群发生疾病。

（5）噪声及灰尘 羊舍不能建于公路边或居民聚居点旁边，因其路上的粉尘飞扬，羊群极易遭到病原微生物、噪声等有害因素的侵袭。

13 羊舍通风换气应当注意什么问题？

空气的流动对羊群的生长有间接影响。在炎热季节，空气流动有利于羊群的散热，能够促进羊群的生产成绩。因此，在夏季时，要适当提高羊舍内空气流动的速度，加大通风量，条件许可的情况下，羊舍内可以安装换气扇或吊扇。在冬季时，空气流动会促使羊群散发热量，加剧寒冷对其的影响。寒冷季节，羊舍通风效果好会使羊的能量消耗增加，影响生长速度；而且羔羊、病弱和老龄的羊受到的影响较大。

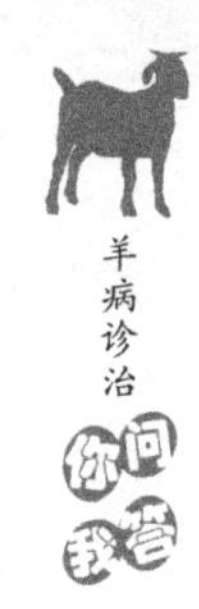

空气流动大能够减少羊舍内有害气体的存在。在封闭的环境中，排气不畅能够导致舍内有害气体浓度增加，严重时能够危害羊群的健康。其中有害气体，如氨气、硫化氢、二氧化碳等，主要是由羊群的粪、尿及垫草等分解产生的。

羊舍内空气中存在着灰尘和微生物；灰尘主要是由地面打扫、干草、干料以及翻垫料产生的。灰尘能够导致羊结膜炎的发生。空气中的灰尘被吸入羊上呼吸道中，其机械刺激能够导致羊咳嗽、呼吸困难；灰尘中的病原微生物也能够停留于呼吸道中生长繁殖，使羊发生疾病。

羊的呼吸道疾病，如支原体肺炎、巴氏杆菌、链球菌等病原微生物可以通过羊咳嗽、打喷嚏时喷出来的飞沫进行传播。在封闭的环境中飞沫能够散布到每个角落。羊舍内必须做好舍内的定期消毒，避免粉尘飞扬引发疾病。

因此，羊舍在炎热季节要随时通风换气，寒冷季节注意合理换气。

14 羊舍温度与疾病的发生有什么关系？

山羊、绵羊都属于恒温动物。环境温度过高或过低均能影响其生产成绩，严重的时候能够影响其健康和生命。温度过高，羊群的采食量会下降或停止采食。温度太低，羊摄入的饲料全被用于维持生命体征，没有生长的潜能，甚至会导致羊群掉膘。冬季出生的羔羊会因温度过低、母乳不足、饲草缺乏而大量死亡。

羊适宜的生长环境温度为 7 ~ 20 摄氏度；育肥舍、公羊舍和妊娠母羊舍舍内温度不能低于 10 摄氏度。怀孕母羊在产前其舍内温度不能低于20 摄氏度。羔羊舍内温度应在15 摄氏度左右。羊舍温度升温可以采用红外线取暖器，增加垫草等措施。

15 羊舍内有害气体有哪些？有什么危害？

羊群的呼吸，粪尿的腐败、发酵分解，垫草发霉变质等，都会产生有害气体。羊舍内常见的有害气体主要是氨气、硫化氢、二氧化碳等。

（1）氨气 氨气是一种无色、有臭味的刺激性气体。羊的粪尿、圈舍内垫料含氮有机物的分解，其浓度高低与羊舍的卫生状况和通风条件有关。氨气易溶于水，羊舍内氨气浓度过高，能够导致羊群咳嗽、流泪、发生气管炎及结膜炎。氨气吸入羊的体内后能够通过尿液排出，这样氨气的中毒病能够迅速减轻。轻度的氨气中毒，只能轻微地影响羊只的生长；严重的氨气中毒能够导致羊的眼睛失明、肺部水肿，甚至死亡。

（2）硫化氢 硫化氢是一种无色、易挥发、带有臭鸡蛋气味的有毒气体。硫化氢是羊舍中粪便、垫料中含硫有机物厌氧分解的产物。当硫化氢浓度较高时，能引起羊群发生眼炎和呼吸道炎，畏光流泪、咳嗽、咽部灼伤，甚至引起肺水肿；严重时，可导致羊窒息或神经麻痹而亡。

（3）二氧化碳 二氧化碳不能引起机体中毒，当浓度过高时，会造成舍内缺氧，使羊群精神不振、食欲减退、增重减慢。

16 羊舍内湿度与羊病的发生有什么关系？

空气中相对湿度的大小直接影响羊体热的散发。潮湿环境中病原微生物生长繁殖快。高温高湿环境容易导致羊只发生疥癣、湿疹和腐蹄病等。高温环境中，湿度过高，羊的体温不易散发，往往能引起体温升高、皮肤充血、呼吸困难等症状；严重时，中枢神经受体内高温的影响，机能失调，甚至发生死亡。低温高湿环境，羊只易患感冒、神经痛、关节炎等疾病。总的来说，羊在干燥环境中适宜生长。

防潮必须从多方面采取措施：从建场选址就开始注意，羊场修建地势高燥、地面及墙壁要设防潮层，舍内的粪污、尿液及时排出，垫草及时更换等。

第三章 羊场的生物安全控制措施

生物安全控制是切断病原微生物传入养殖场的途径，能够最大限度地减少各种物理性、化学性和生物性致病因子对动物造成的危害。通过阻止生物性致病因子的入侵，防止羊群受到疾病危害，不仅对疫病的防控有重要意义，而且能够提高羊群的生产性能，同时能保障羊群在健康状况下生长繁殖。

17 规模化羊场应建立哪些防疫制度？

建立科学合理的防疫制度是提高规模养殖场经济效益的关键措施之一。防疫制度包括按动物防疫法规的引种申报防疫监督制度，定期清洗消毒制度，科学免疫制度，外来人员管理制度，饲养管理人员进出场消毒制度等。

（1）引种申报防疫监督制度 将一些优良品种从甲地引入乙地进行繁殖和饲养，必须选择输出场所在地为国家畜牧兽医部门划定的非疫区，输出场要具备“动物防疫合格证”和“种畜禽生产经营许可证”等法定出售种畜禽资格证等。要到当地的动物防疫监督机构申请引种和登记，要取得当地动物防疫监督机构同意。还要向输出地的动物防疫监督机构报告，输出地的动物防疫监督机构要对所引进的动物进行产地检疫，出具“产地检疫合格证”，持该证换取“出县境动物运输检疫证明”，同时还要具备“动物及其产品运载工具消毒证明”和“重大动物疫病无疫区证明”进行运输，运输的羊只必须佩戴免疫标志。

（2）定期消毒制度 羊场环境要定期消毒，羊舍周围环境及运动场每周用2%的氢氧化钠溶液和20%石灰乳的方式消毒1次；场周围，场内污水池，下水道等每月用10%的漂白粉消毒1次；在大门和羊舍入口设消毒池，池内放2%～4%的氢氧化钠消毒液，车辆轮胎、人员都要从消毒池经过。

（3）科学免疫制度 要根据当地传染病流行情况，选择性地进行免疫。常见羊病疫苗有羊肠毒血症苗、羊快疫菌苗、羊猝狙菌苗、羊痘鸡胚化疫苗、魏氏梭菌苗等。各地区、各羊场流行的传染病往往不止一种，因此，羊场需用多种疫苗来预防，也需要根据各种疫苗的免疫特性合理地安排免疫接种的次数和时间。羊场没有一个统一、固定的免疫程序，要根据本地区、本羊场的具体情况，制定一个合理的免疫程序。

（4）外来人员管理制度 外来人员要进入生产区，必须更换工作服和工作鞋，经过喷雾消毒后按照指定路线行走。

18 进出口消毒措施针对对象有哪些？

（1）人员消毒 入口处设置消毒池，消毒池内的消毒液每2～3天更换1次；入场人员必须更换鞋，踩踏消毒液，经紫外线消毒或喷雾消毒后才能进入羊场。入场人员还应采用新洁尔灭溶液进行洗手消毒。从外面进入生产区的人员，必须经消毒更衣室消毒，经过淋浴、更衣、换鞋后，方可进入羊场；不同生产区的饲养人员不准串舍以及在饲养过程中聚集，生产用具不得外借和交叉使用；技术员进场检查情况时，须穿经消毒的工作服、戴帽、换鞋；检查时应该从生产群到隔离群，进入不同羊舍时应进行重新消毒。

（2）车辆消毒 任何车辆不得进入羊场内。运输草料及物资的车辆必须进入场内时，须用过氧化氢、过氧乙酸、二氯异氰尿酸钠等消毒药全面喷洒消毒。

（3）羊群进场消毒 进场消毒主要针对引种的羊群；一般来说，不从外面养殖场引种。必须要引种时，要有当地畜牧主管部门技术人员指导，羊群引入时隔离观察15天，只有这样才能混群；混群前，可用1:（1800～3000）的百毒杀溶液盛于喷雾器中，喷洒羊群，

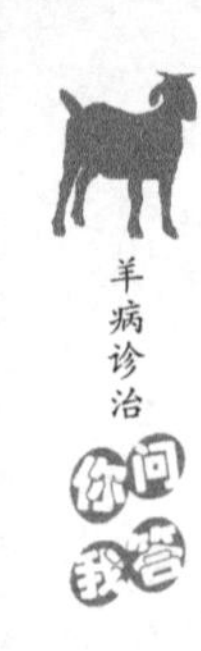

进行整群的带羊消毒。

19 羊场环境怎么消毒?

消毒是羊场生物安全控制的重要措施，是贯彻“预防为主”思维的重要手段。其目的是将传染源消灭于散播之前，切断传播途径，阻止病原微生物的传播。羊场应该建立切实可行的消毒制度定期对羊舍、用具、地面、粪污等进行消毒。

(1) 羊舍消毒 消毒前必须进行机械清洗，扫去灰尘、粪污，用高压水枪将地面缝隙内的残留物冲洗出来；清洗后，地面积水用扫帚扫去，以免稀释消毒药的有效浓度。羊舍常用的消毒药有10%～20%石灰乳、10%漂白粉、0.5%过氧乙酸等。消毒的方法是将消毒药按使用说明书稀释好后，盛于喷雾器内，先喷洒天花板和墙壁，然后喷洒地面，之后从里到外消毒。羊舍内的料槽和水槽消完毒后需要用清水冲洗，洗去消毒药水后才能使用。一般情况下，羊舍消毒每年春季和秋季各一次；产房在使用前要进行消毒，产羔高峰时段，要进行多次消毒，产羔结束后要再次进行消毒。用2%～4%氢氧化钠、消毒威、菌毒灭等消毒药浸泡麻袋或草垫，浸泡后放置于隔离舍和病羊舍的出入口。

(2) 地面与土壤消毒 地面用10%的漂白粉溶液、4%的福尔马林溶液或10%的氢氧化钠溶液消毒。有芽孢致病菌存在环境应严格消毒，先用10%的漂白粉溶液消毒后，将地面土壤掘起30厘米左右，用干的漂白粉与土壤混合，并将混合后的土壤进行深埋。

(3) 粪污消毒 羊场的粪污消毒办法很多，粪污堆积进行生物发酵是最经济适用的方法。在距羊场100～200米远，设置堆积发酵场，发酵场的地面一般要硬化；将羊粪及污物收集后堆积成堆，可以加入生物发酵菌剂，上面覆盖一层薄膜或者10厘米厚的沙土。堆积发酵时间不得少于30天，发酵成熟后，粪污可以直接用作粉料种植农作物。

(4) 污水消毒 可以修建污水处理池，以便收集污水进行集中处理，可加入漂白粉或者氯制剂进行消毒，一般1升污水使用2～5克漂白粉。

20 羊舍环境的清洁卫生有什么要求？

羊场环境卫生的好坏与疾病的发生有密切关系。羊舍、羊圈、运动场以及所有用具都要保持清洁、干燥。圈舍内的羊粪、羊尿、污物均要收集起来堆积生物发酵；粪污的生物发酵时间不得少于30天。

羊的饲草料要堆积得当，保持清洁、干燥；在南方养羊，冬季草料较为缺乏，很多羊场均从北方购买干草用于羊群过冬。南方的冬季湿度较大，干草在南方堆积不当很容易发霉。购买进来的干草，在条件许可的情况下可以放入空调屋，随时除湿，保持干燥；也可放在通风效果好、干燥的木楼上。

羊舍周围的杂草要及时铲除；臭水坑要用土填平。常年开展灭鼠工作，可以用杀鼠醚、杀鼠灵、溴敌隆等慢性杀鼠药；一些急性毒性灭鼠药已经禁用，如磷化锌、毒鼠硅等。夏季注意清除垃圾和污物，以免蚊蝇滋生；灭蚊、蝇的常用药物主要是菊酯类、酸酯类杀虫剂，有喷洒的、气雾的、可湿性粉剂，这些杀虫药活性高、杀虫谱广、稀释倍数大、用药量小、成本低。在害虫高密度发生区域可适当增加用药量，如水沟、垃圾场、化粪池等场所。

21 羊群疾病预防应注意的问题有哪些？

（1）保持环境卫生 每天都要清扫羊圈内的过道、走廊，保持舍内干燥、卫生。如果舍内潮湿，可撒干石灰，吸收地面和空气中的水分。冬季的时候，尽量不用水冲洗羊舍，走道也尽量减少用水次数，保持大环境干燥、卫生。

（2）消毒 要建立卫生消毒制度，并且制度要上墙，以便执行人员按相应内容执行。消毒前圈舍要彻底清扫干净，包括羊舍门口、羊舍内外走道等。羊和人经过的地方每天都要进行彻底清扫。羊舍门口的消毒垫每周更换2次。冬季为了防止结冰冻结，门口的消毒垫用生石灰或者草木灰代替进行消毒。发现疫情时，可使用菌毒消、百毒杀等消毒剂进行带羊消毒。冬季时，选择天气晴朗暖和时进行消毒。

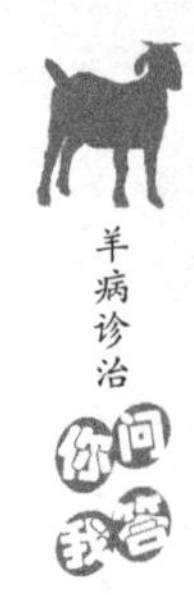

（3）免疫接种 各种疫苗的免疫注射是预防疫病的重要手段。接种疫苗时，要保定好羊只，在准确的部位进行注射，不同类疫苗同时注射时要分左右两边注射，不可打飞针。每只羊都要挂上免疫卡，不能随意调换，以免引起免疫工作混乱。

（4）药物保健 药物保健主要是针对羔羊的细菌性腹泻病，可以在饮水中添加一定比例的药物，如磺胺类，预防用药量为0.1%～0.2%；四环素类抗生素，预防用药量为0.01%～0.03%。一般连用5～7天，必要时可适当延长。

（5）驱虫 主要是进行预防性驱虫；常用的药物有伊维菌素、阿苯达唑和吡喹酮等。驱线虫时间一般是在春、秋两季。体外寄生虫，特别是羊的螨病需采用药浴的方式进行驱虫。绵羊在剪毛后10天左右进行药浴，用0.1%～0.2%氯苯脒水溶液，或者是速来菊酯，按1升水中加入80～200毫升药液进行兑液。另外，也可自配石硫合剂，其配法为：生石灰7.5千克，硫黄粉12.5千克，用少量水搅拌成糊状，加入150升水，边煮边搅拌，直至煮沸溶液呈浓茶色为止；溶液静置沉淀，弃沉淀，留上清液，上清液即为石硫合剂母液；使用时在母液中加入500升温水，即可成为药浴用的药液。

【提示】母羊妊娠阶段尽量不要使用驱虫药；如果要使用驱虫药也要选择妊娠母羊可以使用的。药浴时要尽量使羊的整个身体和头都浸入药液中。

22 扑灭羊传染病的措施有哪些？

传染性疾病发生有几个关键环节：传染源、传播途径和易感动物；针对各个环节采取相应的措施就能控制或扑灭传染病的发生。

（1）控制传染源 对A类动物疫病，如口蹄疫、小反刍兽疫、蓝舌病等，或当地新发现的传染病，应追踪疫源，采取紧急扑灭措施，主要是宰杀后无害化处理。划定疫点，封锁疫区。疫点的范围是指发病及邻近的羊舍或羊群。疫区封锁范围要根据疫情、地理环境来决定。

（2）切断传播途径 被传染源污染的场地、用具、衣服等必须彻底消毒处理。垫草要烧毁，粪便要堆积发酵或深埋。剖检病死羊

要在指定地点进行，病死羊的皮、肉、内脏等需经过兽医检查后，根据规定进行处理。处理方式有微生物菌剂发酵无害化处理、焚烧、深埋等。病死羊剖检场地、用具以及污染物，必须现场进行彻底消毒。对于病死的羊一律进行焚烧或深埋。

（3）紧急免疫 紧急免疫是保护易感羊群的有效手段。对假定健康的羊群或受威胁区的健康羊进行紧急预防接种，提高羊群整体的免疫抵抗能力。

第四章 羊群用药原则及注意事项

药物是用来预防、治疗和诊断疾病以及促进羊群生产性能必不可少的物质。养殖户需要知道一些用药的基本常识。无论是化药制剂、中兽药制剂，还是生化制剂类动物保健药品，无论是消毒药还是抗生素，虽然均能防病治病，但在动物体内均能残留，能直接影响防疫效果和产品质量。因此，非常有必要规范养殖场药品使用，必须按使用剂量、休药期停药期规定规范使用，禁用药品坚决不用。

用药时，羊只不会主动接受，需通过人工强制执行。恰当的保定方法是强制执行的重要保障。饲养管理人员掌握常用的保定方法至关重要。

23 羊有哪些保定方法?

保定羊时，需要接近羊；接近羊时，要胆大、心细、温和；接近个体较大的羊只，特别是种公羊时，应注意自身安全。先给羊只一个要接近它的信号，再从侧前方慢慢接近。接近后用手轻轻抚摸颈部或背部，让其保持一个安静温顺的状态，以便进行检查。接近时需要饲养人员协助。

要尽可能地使羊只保持一个自然状态，便于检查和处理。常用的保定方法有握角骑跨夹持保定法、双手围抱保定法、倒卧保定法以及倒立式保定法。

(1）握角骑跨夹持保定法 保定人两手握住羊只的犄角，骑跨羊身，以大腿内侧夹持羊两侧胸壁进行保定。该方法主要用于临床检查或治疗时的保定法。

（2）双手围抱保定法 保定人从羊胸侧用两手分别围抱前胸或屁股后部加以保定。对羔羊保定时，可以坐着抱住羔羊，羔羊呈犬坐姿势，背部靠保定人，头部朝上，臀部向下，两手分别握住前后腿。

（3）倒卧保定法 保定大羊时，保定人俯身从对侧一手捉住两前肢系部或捉住一前肢臂部，另一只手捉住腹肋部扳倒羊体，另外一只手改为捉住后两肢的系部，前后一起按住即可。也可用绳子把羊的四肢一起捆绑。该方法适用于治疗或简单的手术。

（4）倒立式保定法 保定人骑跨在羊的颈部，面向后，两腿紧夹羊体，弯腰将羊的两个后肢提起来。该方法适用于去势以及后躯检查。

> 【提示】不能触摸羊的头部，羊的头部比较敏感容易导致其攻击人；也不能从后面接近羊只，从后面接近羊只，羊会保持警惕，容易伤人。

24 羊的注射方法有哪几种？

对羊防病治病中，很多药物不方便口服或不能口服，也不能拌料给药时，一般采用注射给药途径。羊的用途不同，注射时需要注意的事项就不同。皮毛用羊，不能损伤其商用价值的皮和毛；由于颈部的肉价较低，一般把肉羊的注射部位确定于颈部肌肉。繁殖用的种羊一般习惯是将药物注射部位确定于腋下，注射在腋下看不见结节性疤痕的组织，不会被误诊为干酪羊淋巴结炎。

根据药物的用法和注射要求，给羊注射时可以采取不同的注射方法，常用的方法有肌内注射、皮下注射、静脉注射、乳房灌注、皮内注射和腹腔注射。

（1）肌内注射 肌内注射时常常在颈部腹侧、臀部外侧肌肉进行注射给药。也可选择腰最长肌、半腱肌、半膜肌和三头肌等肌肉进行注射。

（2）皮下注射 注射部位是腋部或胸壁处皮下，也可在颈部的三角区进行皮下注射给药。不能在肩前淋巴结周围进行皮下注射，容易误诊为干酪性淋巴结炎。

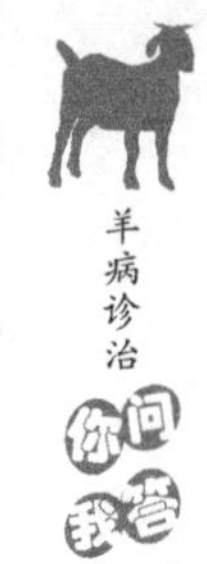

(3) 静脉注射　通常是在颈静脉进行注射给药或者采血样。一般是用4厘米长的9号针进行静脉注射。

(4) 乳房灌注　在给药前，要用消毒酒精清洗和擦拭乳头。一个乳头采用一个一次性插管，将插管插入足够深度，要使其进入到乳池。

(5) 皮内注射　需要选择皮肤较厚的部位，两手捏住皮肤使其形成凸起的皱褶，从皱褶的脊部进针；一般选用1.8厘米长的5号结核菌素针进行皮内注射。

(6) 腹腔注射　常用于羔羊腹泻补液，抓住两前肢，使其悬空，将针垂直扎入肚脐左侧1厘米的地方，注射给药。可选用2.54厘米长的9号或12号针头，针头插入深度不能超过1.8厘米。

> 【提示】 肌内注射臀肌时要特别注意大腿处的坐骨神经；刺激性药物会导致坐骨神经永久性损伤。

25 给羊打针应注意什么？

注射器使用之前，应当检查注射器有无破损，针筒和针筒活塞是否相配，金属注射器的橡胶垫是否老化，松紧度的调节是否适宜，针尖是否锐利、畅通，针头与注射器的连接是否严密，然后清洗干净，煮沸或高压蒸汽灭菌备用。

注射部位的处理：先剪毛，涂擦5%碘酊消毒，再用75%酒精脱碘，也可使用0.1%新洁而灭消毒。注射完毕，注射部位用酒精棉消毒。注射时必须严格执行无菌操作规程。

注射前先将药液抽入注射器内或放入输液瓶中，同时要认真检查药品的质量，看其有无变质、混浊、沉淀。如果混注两种以上药液时，应注意有无配伍禁忌。抽完药液后，一定要排出注射器内或输液瓶胶管中的气泡。

26 怎样给羊打针？

这里只介绍养羊户可能经常使用的皮下注射、肌内注射和静脉注射方法。

(1) 皮下注射　将药液注射于皮下结缔组织内，经毛细血管、

淋巴管吸收进入血液，发挥药效作用，达到防治疾病的目的。凡是易溶解，无强刺激性的药品及疫苗、菌苗等，均可做皮下注射。皮下注射的药物不会像肌内注射那样很快地随血液进入身体的所有组织，但是它会大大减少对于胴体外观的损害。

最好的注射部位是颈侧或肘后的皮肤松弛处。注射时，需刚好将药物注入皮肤下面，而不要注入肌肉内。可使用25毫米长的9~12号针头。左手中指和拇指捏起注射部位的皮肤，同时以食指尖压皱褶向下陷呈陷窝，右手持连接针头的注射器，从皱褶基部的陷窝处刺入皮下2~3厘米，此时如果感觉针头无抵抗，且能自由活动针头时，左手把持针头连接部，右手推压针筒活塞，即可注射药液。如果需注射大量药液时，应分点注射。注射完后，左手持酒精棉按住刺入点，右手拔出针头，局部消毒。必要时可对局部进行轻度按摩，促进吸收。为了避免针头误入血管内，应抽一下注射器的活塞，看注射器内是否回血。如果有血液出现，要完全退出针头，在新的部位重新刺入针头。

（2）肌内注射 首先，由于肌肉内血管丰富，肌内注射的药物随血液很快进入身体的所有组织。其次，肌肉内的感觉神经较少，故疼痛轻微。所以一般刺激性较强和较难吸收的药液，进行血管内注射。而有副作用的药液、油剂、乳剂而不能进行血管内注射的药液，为了缓慢吸收，持续发挥作用的药液等，均可应用肌内注射。

肌内注射的最好部位是颈部的厚重肌肉区域。不要在近尾部的大腿肌肉进行肌内注射，这可能会导致跛行和坐骨神经损害。肌内注射量最好不要超过5毫升。可使用3.8厘米长的9~12号针头。左手的拇指与食指轻压注射局部，右手用执笔的方式把握注射器，使针头与皮肤呈垂直状，迅速刺入肌肉内。一般刺入2~4厘米，而后用左手拇指与食指握住露出皮外的针头结合部分，以食指指节顶在皮肤上，再用右手抽动针筒活塞，确认无回血后，即可注入药液。注射完毕，用左手持酒精棉球压迫针孔部，迅速拔出针头。

（3）静脉注射 静脉注射的药物随血液非常迅速地进入身体的所有组织。静脉注射主要应用于大量的输液、输血，以治疗为目的急需速效的药物（如急救、强心等），刺激性较强的药物或皮下、肌

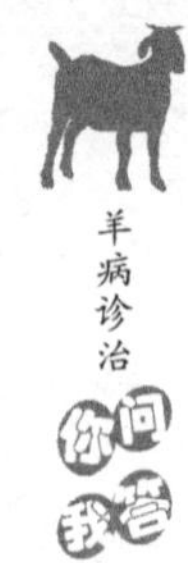

肉不能注射的药物等。

根据注射用量可备50～100毫升注射器。大量输液时则应用输液瓶（500～1000毫升），并以乳胶管连接针头，在乳胶管中段装以滴注玻璃管或乳胶管夹子，以调节滴数，掌握其注入速度。注射药液的温度要接近于体温。使用2.5～3.8厘米长的9～12号针头（或连接乳胶管的针头）。大剂量静脉注射或输液的最好部位是颈部的颈静脉。奶山羊的小剂量静脉注射的部位有时也可选用乳静脉。如果采用乳静脉注射，最好使用小号注射针头，以减少过多出血的可能性。

27 怎样给羊口服给药？

由于成年羊瘤胃中具有大量帮助消化的纤毛虫，使用抗生素能够杀灭纤毛虫，导致消化紊乱。因此，除了羔羊能用抗生素外，成年羊生病一般都选择中兽药，需要口服给药。

中药制剂如果是片剂或丸子，就要弄碎，通过胃管灌服。灌服时，羊的头伸直，让下颌与地面处于平行的状态。在口角处插入灌药用注射器，将药液推入口腔内，药液缓慢注入，必须留出充足的时间让羊吞咽。灌药过程中，向上斜抬羊头部时，容易造成吸入性肺炎。服用片剂或丸子时，为了保证安全，投药人可使用药丸枪，将其置于舌根部，但是不能移入咽部；投药丸后，羊头部姿势保持一会儿，闭合其口，直至吞咽完成。这样能够防止羊将药物吐出。

也可使用开口器，将直径为1.2～1.5厘米的胃管从成年羊口部插入，年轻羊或羔羊可用50毫升注射器一端带有输液用的橡胶管，作为胃管进行口服给药。

【提示】 不能采用含有漂白粉的自来水溶解药物。

28 如何制定羊场抗寄生虫病的用药方案？

明确给药的目的：首先要了解羊场寄生虫病的流行历史，根据该场的情况，临床兽医设计一套针对该场的防治方案，明确要驱除哪种寄生虫、采用什么药物、在什么时候进行驱虫、给药次数等。

北方地区的冬季，大部分寄生虫是寄生于动物体内的，可采用整体驱虫的方式，幼虫在寒冷的季节不易存活。但是在暖和的温带和亚热带地区，幼虫能够在外界环境中长期存活。主要还是要在寄生虫产卵之前，杀死幼虫而降低成虫数量是比较有用的方法。

控制耐药性：寄生虫常常对大环内酯类的驱虫药容易产生耐药性，如伊维菌素、阿维菌素。一般情况下，在使用其他药物无效时，才使用大环内酯类药物。如果羊群对苯并咪唑类药物产生了耐药性，对其他药物均可能产生了耐药性。一旦羊群对苯并咪唑类药物产生耐药性，则寄生虫不能恢复对该药的敏感性。

一般来说，驱虫次数越多，寄生虫越容易产生耐药性。因此，用药过程中要注意药物的选择、剂量、治疗手段等。为了减少耐药性，每年都要更换不同类型的驱虫药，也不能频繁地更换驱虫药（使用期小于1年），否则容易导致羊群产生抗药性。如果羊群产生了抗药性，可采用联合应用2种以上的驱虫药。联合用药时，应使用每种药的安全治疗剂量。兽药市场上没有专门的绵羊和山羊驱虫药，多数是牛羊共用的驱虫剂。大部分药物都能有效控制寄生虫病，主要是给药前要了解羊群曾经用过哪些药物、给药途径以及用药时间的长短。

给药的剂量：驱虫时，应以羊群中体重作大的羊作为标准给药，而不是以平均体重用药。低于治疗剂量给药，更容易导致寄生虫产生耐药性。给药前，羊群要空腹12~24小时，给药后12小时内仅饲喂干草可提高口服驱虫药的效力。驱虫前的限饲，可以减缓食物在胃肠道的通过速度，从而增强药效。

【提示】驱虫前的限饲不能对老龄的、病弱的、临产的羊只实施。

29 如何制定羊场腹泻性疾病的用药方案？

腹泻性疾病除因疾病本身引起死亡外，机体脱水和酸中毒也是引起死亡的重要原因。

防治脱水：腹泻性疾病一般是羔羊多发。而羔羊的腹泻是一种复杂的、与多因素相关的疾病。引起腹泻的原因有动物自身、养殖

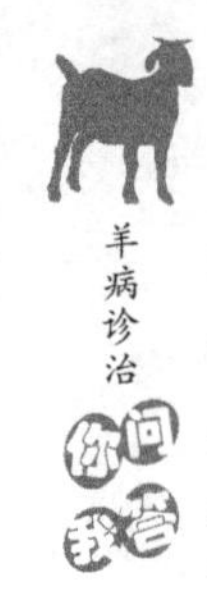

环境、营养以及传染性疾病等。腹泻导致幼龄动物的快速脱水，身体在失水的情况下，死亡会更加快速。腹泻性疾病是威胁初生羔羊生命的重要疾病之一。轻度脱水，口服补液盐；中度脱水，静脉注射生理盐水和5%葡萄糖溶液60~90毫升每千克体重；重度脱水，静脉注射生理盐水和5%葡萄糖溶液100~120毫升每千克体重。

纠正酸中毒：无论是何种原因导致腹泻，动物机体都处于脱水和酸中毒状态。羔羊脱水不严重的情况下，仅表现为精神不振，可采用灌服电解液来治疗。严重时，需要通过静脉注射液进行治疗。也可用电解质等渗溶液来补充体液，加入1%~2.5%剂量的葡萄糖；严重脱水时，要加一定量的碳酸氢盐纠正代谢性酸中毒。

病因分析：由于导致腹泻病的原因很多，因此对于病因和诱因的分析诊断是控制该类疾病发生的关键。治疗和控制措施都将以诊断结果作为依据。表4-1是羔羊发生腹泻病时需要采集的病料以及相关的诊断方法。

表4-1 羔羊腹泻病采样内容及诊断方法

病原	采样内容	诊断方法
大肠杆菌	粪便，小肠	细菌分离培养和鉴定
沙门氏菌	粪便，小肠，大肠以及肠系膜淋巴结	细菌分离培养以及鉴定
魏氏梭菌	粪便，小肠，大肠	细菌分离培养及鉴定；毒素鉴定
隐孢子虫	粪便，小肠，大肠	卵囊和孢囊分离，染色镜检
球虫	粪便，小肠，大肠	粪便漂浮法检查
鞭毛虫	粪便	粪便用生理盐水涂片寻找滋养体，滋养体进行碘液染色，镜检

对于细菌导致的腹泻病，支持性的治疗是主要手段。及时采用葡萄糖生理盐水进行静脉注射或腹腔注射补液，不使用抗生素腹泻的症状会减轻或消失。肌内注射磺胺三甲氧苄啶，按每千克体重30毫克给药，或者是阿莫西林10~20毫克每千克体重给药，1天用两次，连用3~5天，有一定的疗效。

对于由寄生虫导致的腹泻，特别是隐孢子虫病没有特效的药物。

据报道，莫能菌素钠对该病有一定的治疗效果。针对鞭毛虫导致的腹泻可采用芬苯达唑，每千克体重5～10毫克，口服给药，1天1次，连用5天。球虫容易对抗球虫药产生耐药性，可以使用妥曲珠利，每千克体重20毫克，口服。

30 哪些药物禁止在羊饲料和饮水中使用？

（1）肾上腺素受体激动剂 盐酸克仑特罗、沙丁胺醇、硫酸沙丁胺醇、莱克多巴胺、盐酸多巴胺、西马特罗、硫酸特布他林。

（2）性激素 己烯雌酚、雌二醇、戊酸雌二醇、苯甲酸雌二醇、氯烯雌醚、炔诺醇、炔诺醚、醋酸氯地孕酮、左炔诺孕酮、炔诺酮、绒毛膜促性腺激素（绒促性素）、促卵泡生长激素（尿促性素主要含卵泡刺激FSHT和黄体生成素LH）。

（3）蛋白同化激素 碘化酪蛋白、苯丙酸诺龙及苯丙酸诺龙注射液。

（4）精神药品 （盐酸）氯丙嗪、盐酸异丙嗪、安定（地西泮）、苯巴比妥、苯巴比妥钠、巴比妥、异戊巴比妥、异戊巴比妥钠、利舍平、艾司唑仑、甲丙氨脂、咪达唑仑、硝西泮、奥沙西泮、匹莫林、三唑仑、唑吡旦、其他国家管制的精神药品。

（5）各种抗生素滤渣 该类物质是抗生素类产品生产过程中产生的工业三废，因含有微量抗生素成分，在饲料和饲养过程中使用后对动物有一定的促生长作用。但其对养殖业的危害很大，一是容易引起耐药性，二是由于这种工业三废未做安全性试验，存在各种安全隐患。

31 无公害肉羊允许使用哪些抗寄生虫药和抗菌药？

（1）抗寄生虫药 阿苯达唑、双甲脒、溴酚磷、氯氰碘柳胺钠、溴氰菊酯、三氮脒、二嗪农、非班太尔、芬苯达唑、伊维菌素、盐酸左旋咪唑、吡喹酮、碘醚柳胺、噻苯达唑、三氯苯唑。

（2）抗菌药 氨苄西林钠、苄星青霉素、青霉素钾、青霉素钠、硫酸小檗碱、恩诺沙星、土霉素、普鲁卡因青霉素、硫酸链霉素。

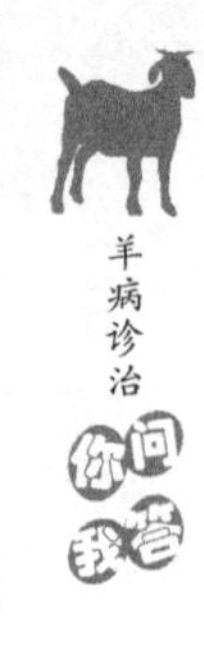

32 羊场安全用药原则有哪些？

（1）正确配伍，协同用药 熟悉药物性质，掌握药物的用途、用法、用量、适应症、不良反应、禁忌症，正确配伍，合理组方，协同用药，增加疗效，避免拮抗作用和中和作用，能起到事半功倍的效果。

（2）辨证施治，综合治疗 经过综合诊断，查明病因以后，迅速采取综合治疗措施。一方面，针对病原，选用有效的抗生素、抗菌素或抗病毒药物；另一方面，调节和恢复机体的生理机能，如解热，镇痛，强心，补液等缓解或消除某些严重症状。

（3）按疗程用药，勿频繁换药 现在的商品药物多为抗生素、抗菌素加增效剂、缓释剂，加辅助治疗药物复合而成，疗效确切。一般情况下，首次用量加倍，第二次可适当加量，症状减轻时用维持量，症状消失后，追加用药1～2天，以巩固疗效，用药时间一般为3～5天。药物预防时，以7～10天为一疗程，拌料混饲。

33 预防用药有何原则和方法？

预防用药原则：通过药敏试验，选择对病原体敏感性高的药物预防，合理用于防止产生耐药性。

要按规定的剂量，均匀地拌入饲料或完全溶解于饮水中。有些药物的有效剂量与中毒剂量之间距离太近，如喹乙醇，掌握不好就会引起中毒。有些药物在低浓度时具有预防和治疗作用，而在高浓度时会有毒性，使用时要加倍小心。

两种或两种以上药物配合使用时，有的会产生理化性质改变，使药物产生沉淀或分解、失效甚至产生毒性，一定要注意配伍禁忌的问题。

在集约化养殖场中，养殖数量多，预防用药开支大，为了提高利润，降低成本，应尽可能地选用价廉易得而又确有预防作用的药物。

预防用药方法：常用的药物有磺胺类药物、抗生素和微生态制剂。

药物占饲料或饮水的比例是：磺胺类药预防量为0.1%～0.2%，四环素等抗生素预防量为0.01%～0.3%，一般连用5～7天，必要时也可酌情延长。此外，成年羊口服土霉素等抗生素时，常会引起肠炎等中毒反应，必须注意。微生态制剂可长期添加，但不能和抗菌药物同用。

34 哪些药物不能配合使用？

（1）β-内酰胺类抗生素（青霉素、氨苄西林、羟苄西林、头孢菌素） 青霉素不可与同类抗生素联用。由于它们的抗菌谱和抗菌机制大部分相似，联用效果并不相加。相反，合并用药加重肾损害，还可以引起呼吸困难或呼吸停止。

1）青霉素不可与磺胺和四环素联合用药。青霉素属于繁殖期“杀菌剂”，阻碍细菌细胞壁的合成，四环素属“抑菌剂”，影响菌体蛋白质的合成，二者联合作用属拮抗作用，一般情况下不应联合用药。临床资料表明单用青霉素的抗菌效力为90%，单用磺胺类的药效力为81%，二者联合用药的抗菌效力为75%，若非特殊情况不可联合使用。

2）青霉素不可与氨基糖苷类混合输液（如链霉素、庆大霉素、卡拉霉素等）。因青霉素的β-内酰胺可使庆大霉素产生灭活作用，其机制为二者之间发生化学相互作用，故严禁混合应用，应采用青霉素静脉滴注，庆大霉素肌内注射。

3）青霉素不与土霉素、红霉素、卡那霉素、多粘菌素、放线菌素D、庆大霉素配合使用。

4）氨苄青霉丙磺舒、阿司匹林、保泰松、磺胺药对氨苄西林的排泄有阻滞作用，合用可升高青霉素类的血药浓度，也可能增加毒性。

5）重金属离子（尤其是铜、锌、汞）、醇类、酸、碘、氧化剂、还原剂、羟基化合物及呈酸性的葡萄糖注射液或四环素注射液都可破坏青霉素的活性，禁忌配伍，也不宜接触。

6）胺类与青霉素G可形成不溶性盐，使吸收发生变化。这种相互作用可利用以延缓青霉素的吸收，如普鲁卡因青霉素。

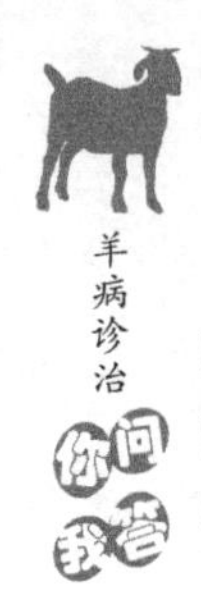

7）青霉素G钠溶液与某些药物溶液（两性霉素、头孢噻吩、盐酸氯丙嗪、盐酸林可霉素、酒石酸去甲肾上腺素、盐酸土霉素、盐酸四环素、B族维生素及维生素C）不宜混合，因可产生混浊、絮状物或沉淀。

8）头孢噻吩（先锋霉素Ⅰ、头孢菌素Ⅰ）：头孢菌素类与红霉素、吉他霉素、氯霉素等联用，会导致其抗菌作用的减弱。

9）头孢菌素忌与氨基苷类抗生素如硫酸链霉素、硫酸卡那霉素、硫酸庆大霉素联合使用，不可用生理盐水或复方氧化钠注射液配伍。

（2）氨基糖苷类（阿米卡星、大观霉素、新霉素、庆大霉素、卡那霉素、链霉素） 因中毒导致肾脏肿胀时不能使用新霉素、卡那霉素、庆大霉素。

（3）喹诺酮类（氧氟沙星、恩诺沙星、诺氟沙星） 碱性药物、抗胆碱药、H_2受体阻滞剂均可降低胃液酸度而使本类药物的吸收减少，应避免同服。不过，此类药已禁用，不再多述。

1）利福平（RNA合成抑制药）、氯霉素（蛋白质合成抑制药）均可使本类药物的作用降低，使萘啶酸和诺氟沙星的作用完全消失，使氧氟沙星和环丙沙星的作用部分抵消。

2）氟喹诺酮类抑制茶碱的代谢，与茶碱联合应用时，使茶碱的血药浓度升高，可出现茶碱的毒性反应，应予注意。

（4）氯霉素类药物（氟苯尼考、甲砜霉素、氯霉素） 氯霉素由于对血液系统的毒性较大，现已禁止使用。氯霉素不与林可霉素、红霉素、链霉素、青霉素类和氟喹诺酮类配合。还不可以与磺胺类、碳酸氢钠、氨茶碱、人工盐等碱性药物配合使用。与磺胺甲氧嗪合用，会造成肝毒性升高。

（5）四环素类（多西环素、金霉素、四环素、土霉素） 四环素类药物不与青霉素类、先锋霉素类药物配合使用。不能与碳酸氢钠、氨茶碱以及含钙、镁、铝、锌、铁等金属离子配合，否则会阻滞四环素类药物吸收。

（6）红霉素类（红霉素、罗红霉素、泰乐菌素） 不可与林可霉素和β-内酰胺类药物配合使用。红霉素不能与氯霉素、羧苄青霉素、庆大霉素配伍；泰乐菌素不能与链霉素、四环素配伍。乳糖酸红霉素与氨茶碱、辅酶 A、细胞色素 C、万古霉素、磺胺嘧啶钠、青霉素、氨苄西林钠、头孢噻吩钠及碳酸氢钠等混用可产生混浊、沉淀或降效，故不宜同时静滴。红霉素可抑制茶碱代谢清除，提高其血浓度，这常发生在合用若干天以后。

（7）磺胺类 磺胺嘧啶钠、磺胺二甲嘧啶钠、二甲氧苄啶（地菌净）、三甲氧苄啶（磺胺增效剂）、磺胺甲基异恶唑（新诺明）、磺胺喹恶啉钠。

液体型磺胺类药物不宜与酸性药物（如维生素 C、青霉素、四环素）配合使用；不可与氯化钙、氯化铵配合使用，否则会增加泌尿系统毒性。

（8）林克酰胺类（林克霉素、克林霉素） 林可霉素不能与青霉素、庆大霉素、红霉素、四环素类药物配合使用。

（9）抗病毒类药物 ［金刚烷胺、金刚乙胺、三氮唑核苷（病毒唑、利巴韦林）、吗啉胍（病毒灵）］ 不能与碱性药物配合使用，如小苏打、氨茶碱等。

35 羊场常用消毒药物有哪些？

消毒是预防和扑灭传染病的一种重要措施，消毒的方法有机械消毒、物理消毒、化学消毒和生物学消毒四类。消毒时应根据消毒对象（如圈舍、器械、场地等）和病原体种类的不同而选用不同的方法。一般常用化学药物进行消毒，也可联合应用其他消毒方法（如火焰消毒），只有这样才能取得理想的消毒效果。

常用消毒药物有以下几类：

（1）碱类 主要包括氢氧化钠、生石灰等，一般具有较高消毒效果，适用于潮湿和阳光照不到的环境消毒，也用于排水沟和粪尿的消毒，但有一定的刺激性及腐蚀性，价格低廉。

（2）氧化剂类 主要有双氧水（过氧化氢）、高锰酸钾、过氧化氢、过硫酸氢钾等。其中过硫酸氢钾是目前使用广泛且安全的消毒剂。

（3）卤素类 氟化钠对真菌及芽孢有强大的杀菌力，1% ~2% 的碘酊常用作皮肤消毒，常用的有复合碘和碘酸两种，可用于器材

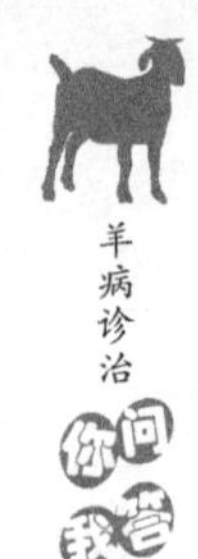

场地消毒，此外还有漂白粉、氯胺等。

(4) 醇类 75%乙醇常用于皮肤、工具、设备、容器的消毒。

(5) 酚类 酚类有苯酚、鱼石脂、甲酚等，消毒能力较强，但具有一定的毒性、腐蚀性，污染环境，价格也较高。

(6) 醛类 甲醛、戊二醛，可消毒排泄物、金属器械，也可用于圈舍的熏蒸，可杀菌并使毒素下降；甲醛具有刺激性、毒性，长期使用致癌。戊二醛对人、动物和环境安全。

(7) 表面活性剂 新洁尔灭、消毒净、杜灭芬，一般适于皮肤、黏膜、手术器械、污染工作服的消毒。

36 常用消毒药物的配制和使用有哪些注意事项？

消毒药对病原微生物具有杀灭作用，在切断传播途径方面发挥重要作用，在实际使用过程中，需要掌握其配制方法和注意事项。

常用消毒药物的配制方法和注意事项见表4-2。

表4-2 常用消毒药物的配制方法和注意事项

药　物	配制浓度	注意事项
烧碱	2%～5%溶液	高浓度烧碱能够灼伤组织，对铝制品、棉和毛织物有腐蚀作用
生石灰	1～2千克加水10升，生产石灰乳	石灰乳不宜久贮，易失效
漂白粉	1000毫升水加0.3～1.5克	现配现用，贮存失效
来苏儿	0.1%用于用具，0.01%～0.05%用于黏膜消毒	不能和香皂同用，不能与碘、碘化钾和过氧化物配合使用，现配现用
福尔马林	40%的甲醛溶液	熏蒸消毒时不稀释与高锰酸钾配合使用，每立方米空间用42毫升，高锰酸钾21克
高锰酸钾	0.1%用于黏膜、创面冲洗	洗手、饮水消毒按1:8000稀释
碘酊	5%：碘50克，碘化钾10克，蒸馏水10毫升，加75%酒精至1000毫升	玻璃瓶密封保存

37 A级绿色食品的兽药使用应注意哪些问题?

优先使用AA级和A级绿色食品生产资料的兽药产品。

允许使用国家兽医行政管理部门批准的微生态制剂和中药制剂。

允许使用高效、低毒和对环境污染低的消毒剂对饲养环境、厩舍和器具进行消毒。

允许使用无最大残留量要求或无停药期要求或停药期短的兽药。使用中应注意以下几点:

应遵守规定的作用与用途、使用对象、使用途径、使用剂量、疗程和注意事项。

停药期应按农业部发布的《兽药停药期规定》严格执行。

最终残留应符合《动物性食品中兽药最高残留限量》的规定。

禁止使用表4-3中的兽药。

表4-3　生产A级绿色食品禁止使用的兽药

<table>
<tr><th>序号</th><th colspan="2">种　类</th><th>兽药名称</th><th>禁止用途</th></tr>
<tr><td>1</td><td colspan="2">β-兴奋剂类</td><td>克仑特罗（Clenbuterol）、沙丁胺醇（Salbutamol）、莱克多巴胺（Ractopamine）、西马特罗（Cimaterol）及其盐、酯及制剂</td><td>所有用途</td></tr>
<tr><td rowspan="3">2</td><td rowspan="3">激素类</td><td rowspan="2">性激素类</td><td>己烯雌酚（Diethylstilbestrol）、己烷雌酚（Hexestrol）及其盐、酯及制剂</td><td>所有用途</td></tr>
<tr><td>甲基睾丸酮（Methyltestosterone）、丙酸睾酮（Testosterone Propionate）、苯丙酸诺龙（Nandrolone Phenylpropionate）、苯甲酸雌二醇（Estradiol Benzoate）及其盐、酯及制剂</td><td>促生长</td></tr>
<tr><td>具有雌激素样作用的物质</td><td>玉米赤霉醇（Zeranol）、去甲雄三烯醇酮（Trenbolone）、醋酸甲孕酮（Mengestrol Acetate）及制剂</td><td>所有用途</td></tr>
<tr><td rowspan="2">3</td><td colspan="2" rowspan="2">催眠、镇静类</td><td>安眠酮（Methaqualone）及制剂</td><td>所有用途</td></tr>
<tr><td>氯丙嗪（Chlorpromazine）、地西泮（安定，Diazepam）及其盐、酯及制剂</td><td>促生长</td></tr>
</table>

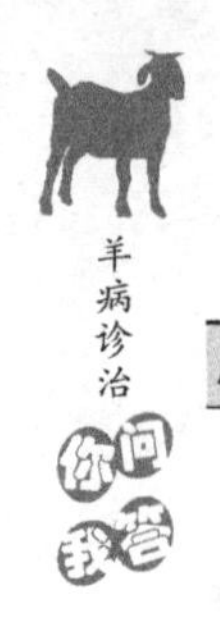

（续）

序号	种类		兽药名称	禁止用途
4	抗生素类	氨苯砜	氨苯砜（Dapsone）及制剂	所有用途
		氯霉素类	氯霉素（Chloramphenicol）及其盐、酯［包括琥珀氯霉素（Chloramphenicol Succinate）］及制剂	所有用途
		硝基呋喃类	呋喃唑酮（Furazolidone）、呋喃西林（Furacillin）、呋喃妥因（Nitrofurantoin）、呋喃它酮（Furaltadone）、呋喃苯烯酸钠（Nifurstyrenate sodium）及制剂	所有用途
		硝基化合物	硝基酚钠（Sodium nitrophenolate）、硝呋烯腙（Nitrovin）及制剂	所有用途
		磺胺类及其增效剂	磺胺噻唑（Sulfathiazole）、磺胺嘧啶（Sulfadiazine）、磺胺二甲嘧啶（Sulfadimidine）、磺胺甲恶唑（Sulfamethoxazole）、磺胺对甲氧嘧啶（Sulfamethoxydiazine）、磺胺间甲氧嘧啶（Sulfamonomethoxine）、磺胺地索辛（Sulfadimethoxine）、磺胺喹恶啉（Sulfaquinoxaline）、三甲氧苄啶（Trimethoprim）及其盐和制剂	所有用途
		喹诺酮类	诺氟沙星（Norfloxacin）、环丙沙星（Ciprofloxacin）、氧氟沙星（Ofloxacin）、培氟沙星（Pefloxacin）、洛美沙星（Lomefloxacin）及其盐和制剂	所有用途
		喹恶啉类	卡巴氧（Carbadox）、喹乙醇（Olaquindox）及制剂	所有用途
		抗生素滤渣	抗生素滤渣	所有用途

（续）

序号	种类		兽药名称	禁止用途
5	抗寄生虫类	苯并咪唑类	噻苯咪唑（Thiabendazole）、丙硫咪唑（Albendazole）、甲苯咪唑（Mebendazole）、硫苯咪唑（Fenbendazole）、磺苯咪唑（OFZ）、丁苯咪唑（Parbendazole）、丙氧苯咪唑（Oxibendazole）、丙噻苯咪唑（CBZ）及制剂	所有用途
		抗球虫类	二氯二甲吡啶酚（Clopidol）、氨丙啉（Amprolini）、氯苯胍（Robenidine）及其盐和制剂	所有用途
		硝基咪唑类	甲硝唑（Metronidazole）、地美硝唑（Dimetronidazole）及其盐、酯及制剂等	促生长
		氨基甲酸酯类	甲奈威（Carbaryl）、呋喃丹（克百威，Carbofuran）及制剂	杀虫剂
		有机氯杀虫剂	六六六（BHC）、滴滴涕（DDT）、林丹（丙体六六六）（Lindane）、毒杀芬（氯化烯，Camahechlor）及制剂	杀虫剂
		有机磷杀虫剂	敌百虫（Trichlorfon）、敌敌畏（Dichlorvos）、皮蝇磷（Fenchlorphos）、氧硫磷（Oxinothiophos）、二嗪农（Diazinon）、倍硫磷（Fenthion）、毒死蜱（Chlorpyrifos）、蝇毒磷（Coumaphos）、马拉硫磷（Malathion）及制剂	杀虫剂
		其他杀虫剂	杀虫脒（克死螨，Chlordimeform）、双甲脒（Amitraz）、酒石酸锑钾（Antimony potassium tartrate）、锥虫胂胺（Tryparsamide）、孔雀石绿（Malachite green）、五氯酚酸钠（Pentachlorophenol sodium）、氯化亚汞（甘汞，Calomel）、硝酸亚汞（Mercurous nitrate）、醋酸汞（Mercurous acetate）、吡啶基醋酸汞（Pyridyl mercurous acetate）	杀虫剂

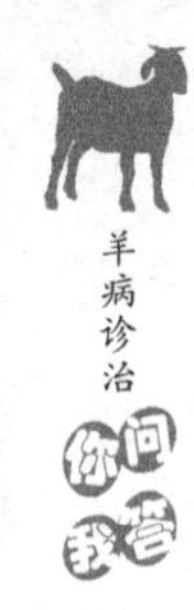

禁止使用药物饲料添加剂。

禁止使用酚类消毒剂，产奶期（对奶羊）不得使用酚类和醛类消毒剂。

禁止为了促进畜禽生长而使用抗生素、抗寄生虫药、激素或其他生长促进剂。

禁止使用未经国务院兽医行政管理部门批准作为兽药使用的药物。

禁止使用用基因工程方法生产的兽药。

38 兽药使用记录怎么建立？

建立并保存消毒记录，包括消毒剂种类、批号、生产单位、剂量、消毒方式、消毒频率或时间等。

建立并保存动物的免疫程序记录，包括疫苗种类、使用方法、剂量、批号、生产单位等。

建立并保存患病动物的治疗记录，包括患病家畜的畜号或其他标志、发病时间及症状、药物种类、使用方法及剂量、治疗时间、疗程、所用药物的商品名称及主要成分、生产单位及批号等。

所有记录资料应在清群后保存 2 年以上。

39 怎样保管与贮藏兽药？

（1）一般药品 一般药品都应该按照兽药典或兽药规范中规定的条件贮存和保管，对包装要求的规定如下：

1）密封：即将容器密封，以防止风化、吸潮、挥发或异物污染。

2）密闭：即将药品的容器密闭。防止外界的尘土和异物混入。

3）熔封：即将容器用适当的材料严封住，防止空气、水分或细菌等有害物侵入，降低药品效价。

4）避光容器保存：即用棕色的容器或用黑色的纸包裹的五色玻璃容器和其他容器包装好。

5）另外标签上经常提到的阴凉处是指环境温度不超过 20 摄氏度，冷处是指保存温度在 2 ~ 10 摄氏度，干燥处是相对湿度在 75%

以下的环境中。

（2）根据药物的性质和剂型分类保管 临床上的药物根据其性质一般分为普通药、毒药、剧毒药、危险药品等。在分类保存的时候，毒药和剧毒药品应该要设立专账专柜并进行加锁由专人保管。每种药品都有明显的标志，并以不同的颜色加以区分，单独存放，严禁混淆。

（3）建立药品保管账目 经常进行检查，定期盘点，并采取有效措施以防止其腐败、发酵、霉变、虫蛀和鼠害等。

（4）根据药品的特性采取不同的贮存方法

1）对于易潮解的药物应该放在密封的容器中并在干燥处保存。

2）易风化的药品除了密封外，还要有适宜的湿度进行保存。

3）易氧化的药品应该要严密包装并置于阴凉处保存。

4）容易光化（日光作用下容易变化的）的药品应该用有色瓶或在包装的容器外加黑色的纸进行避光，放置在阴暗处保存。

5）容易碳酸化的药品应该严密包装并在阴凉处保存。

6）需要冷冻或冷藏的药品是指通常在常温下容易被破坏变质或失效的药品，应该按其说明书上的要求温度放置在冰箱、冷库以及液氮罐中贮存。

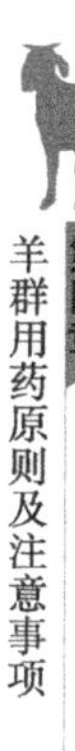

第五章 羊的常用疫苗及使用

40 疫苗有什么用途及怎样分类？疫苗分为哪些类型？

疫苗是指为了预防、控制传染病的发生、流行，用于人体预防接种的疫苗类预防性生物制品。疫苗是将病原微生物（如细菌、立克次氏体、病毒等）及其代谢产物，经过人工减毒、灭活或利用转基因等方法制成的用于预防传染病的自动免疫制剂。疫苗有以下几类：

（1）灭活疫苗 选用免疫原性好的细菌、病毒、立克次体、螺旋体等，经人工培养，再用物理或化学方法将其杀灭制成。此种疫苗失去繁殖能力，但保留免疫原性。死疫苗进入人体后不能生长繁殖，对机体刺激时间短，要获得持久免疫力需多次重复接种。

（2）减毒活疫苗 用人工定向变异方法，或从自然界筛选出毒力减弱或基本无毒的活微生物制成活疫苗或减毒活疫苗。接种后在体内有生长繁殖能力，接近于自然感染，可激发机体对病原的持久免疫力。活疫苗用量较小，免疫持续时间较长。

（3）类毒素 细胞外毒素经甲醛处理后失去毒性，仍保留免疫原性，为类毒素。其中加适量磷酸铝和氢氧化铝即成吸附精制类毒素。其在体内吸收慢，能长时间刺激机体，产生更高滴度抗体，增强免疫效果。

（4）亚单位疫苗 亚单位疫苗通过化学分解或有控制性的蛋白质水解方法，提取细菌、病毒的特殊蛋白质结构，筛选出的具有免疫活性的片段制成的疫苗。亚单位疫苗的不足之处是免疫原性较低，需与佐剂合用才能产生好的免疫效果。

(5) 基因工程疫苗 基因工程疫苗使用DNA重组生物技术，把天然的或人工合成的遗传物质定向插入细菌、酵母菌或哺乳动物细胞中，使之充分表达，经纯化后而制得的疫苗。应用基因工程技术能制出不含感染性物质的亚单位疫苗、稳定的减毒疫苗及能预防多种疾病的多价疫苗。

41 怎样保管与贮藏疫苗?

1）入库前对疫苗进行严格检查，检查包装、运输温度、生产日期等。

2）疫苗由专人保管，详细记录名称、数量、编号、型号、规格、生产厂家和有效期、批号，定期检查冰箱温度，若发现异常应立即修理，确保疫苗质量。

3）活疫苗一般在15摄氏度以内条件下保存，灭火苗在2～8摄氏度条件下保存。避光、干燥储藏。

4）冷藏设施在储藏疫苗时，需要放置适量冰块以防断电。

5）冷藏疫苗的冰箱只能保存疫苗，不能存放与疫苗无关的其他东西。按疫苗的品种和有效期分类存放，并标以明显标志。超过有效期的疫苗，必须及时清除并销毁。

6）做好疫苗的出库记录。

42 什么情况下不能进行免疫接种?

对病态、体弱的羊暂时不宜接种疫苗，待病愈或体质恢复后补注。

引进饲养不到半月、幼龄、临产前1个月和产后半月内的羊均应不接种或暂缓接种。

43 两种活疫苗能否同时进行免疫接种?

疫苗的相互干扰常见于活疫苗中，因此不宜同时接种两种以上的活疫苗。出现这种干扰现象的原因有以下几个：

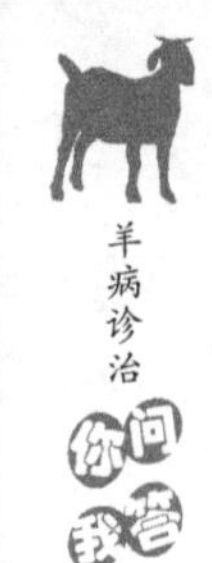

1）两种病毒竞争细胞膜上的同一受体，干扰病毒已与受体的结合后，后来的病毒就无法吸附到细胞膜上。

2）干扰病毒在细胞内复制时已动用了细胞组成和细胞功能，并占有了合成场所，后来的病毒缺乏合成场所。

3）干扰病毒诱导产生干扰素，对后来的病毒出现相互干扰现象的机制。

44 羊口蹄疫疫苗怎样使用？

【疫苗类型】 羊口蹄疫疫苗是减毒活疫苗，呈乳状液，常见少量油相析出或乳状液分层，使用前轻轻摇晃使疫苗恢复乳状。

【使用方法】 使用湿热灭菌或加热煮沸法消毒注射器和针头15分钟。疫苗在使用过程中保持低温并避免阳光直射。注射部位剪毛后用碘酊和70%～75%酒精消毒。用12号针头深部肌内注射，羊羔每只0.5毫升，成年羊每只1毫升。

疫苗注射后加强饲养管理。

45 羊痘（天花）疫苗怎样使用？

【疫苗类型】 羊痘疫苗为冻干苗，用生理盐水或注射用水稀释后方可使用。

【使用方法】 使用湿热灭菌或加热煮沸法消毒注射器和针头15分钟。

疫苗在使用过程中保持低温并避免阳光直射。注射部位剪毛后用碘酊和70%～75%酒精消毒。

【接种部位】 皮内接种，无论大小每只羊接种0.5毫升。

【注意事项】 因羊痘疫苗易受热失效，尤其是稀释以后，因此这时候的疫苗限一次用完。

46 羊快疫、猝狙（羔羊痢疾）肠毒血症三联四防疫苗怎样使用？

【疫苗类型】 羊快疫、猝狙（羔羊痢疾）肠毒血症三联四防疫

苗为干粉活疫苗，预防梭菌性疫病。

【使用方法】 用生理盐水或注射用水稀释后方可使用。

【免疫间隔】 成年羊和羔羊一律皮下或肌内注射5毫升，免疫期一年。

47 羔羊痢疾疫苗怎样使用？

【疫苗类型】 羔羊痢疾氢氧化铝菌苗，属于灭活疫苗，可预防羔羊痢疾。

【使用方法】 在怀孕母羊分娩前20～30天和10～20天时各注射1次，注射部位分别在两后腿内侧皮下，疫苗用量分别为每只2毫升和3毫升，注射后10天产生免疫力。羔羊通过吃奶获得被动免疫，免疫期5个月。

48 山羊传染性胸膜肺炎疫苗怎样使用？

【疫苗类型】 山羊传染性胸膜肺炎疫苗为灭活苗。

【使用方法】 皮下或肌内注射，6月龄以下每只3毫升，6月龄以上每只5毫升，免疫期1年。

49 羊口疮疫苗怎样使用？

【疫苗类型】 羊口疮弱毒细胞冻干苗，属于减毒活疫苗，可预防山羊口疮。

【使用方法】 不论羊只大小，每年3月和9月每只口腔黏膜内各注射0.2毫升。

50 羊流产衣原体病疫苗怎样使用？

【疫苗类型】 羊流产衣原体油佐剂卵黄灭活苗，预防山羊感染衣原体而流产。

【使用方法】 在羊怀孕前或怀孕后1个月内皮下注射，每只3毫升，免疫期1年。

51 羔羊大肠杆菌疫苗怎样使用？

【疫苗类型】 羔羊大肠杆菌灭活苗，预防羔羊大肠杆菌病。

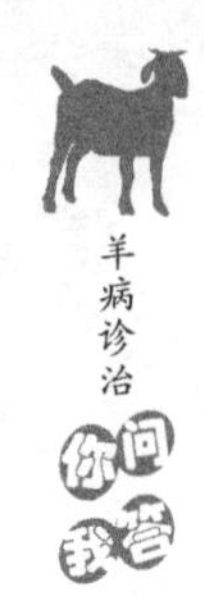

【使用方法】 3月龄以下的羔羊每只皮下注射1毫升，3月龄以上的羊每只2毫升。注射疫苗后14天产生免疫力，免疫期6个月。

52 羊支原体肺炎疫苗怎样使用？

【疫苗类型】 羊支原体肺炎灭活苗，预防由羊肺炎支原体引起的山羊、绵羊进行性，增生性，间质性肺炎。

【使用方法】 颈部皮下注射。成羊年每只5毫升；6月龄以下羔羊每只3毫升。

53 羊气肿疽疫苗怎样使用？

【疫苗类型】 羊气肿疽灭活苗，用于预防牛、羊气肿疽。

【使用方法】 羊不论年龄大小，均皮下注射1毫升。

54 羊链球菌疫苗怎样使用？

【疫苗类型】 羊链球菌氢氧化铝菌苗，预防山羊链球菌病。

【使用方法】 每年3月和9月在羊背部皮下各接种1次，免疫期半年；6月龄以下的羊接种量为每只3毫升，6月龄以上的羊每只5毫升。

55 羊布氏杆菌病疫苗怎样使用？

【疫苗类型】 羊布氏杆菌病弱毒活疫苗，预防羊布氏杆菌病。

【使用方法】 皮下注射，羊在每年配种前1个月用400亿菌落形成单位活菌的剂量接种1次。

56 怎样制定绵羊主要传染病的免疫程序？

绵羊的传染病主要是通过疫苗免疫预防的，其常见的免疫程序见表5-1。

表 5-1　绵羊主要传染病的免疫程序

种　类	用　途	免疫时间	免疫方法
羊快疫、猝狙、羔羊痢疾、肠毒血症三联四防疫苗为干粉活疫苗	预防梭菌病	每年的春季（2～3月）和秋季（9～10月）各1次	成年羊和羔羊一律皮下或肌内注射5毫升
羊口蹄疫疫苗	预防口蹄疫	在春季（在3月上旬，母羊产后1个月、羔羊生后1个月后）和秋季（约为8月，母羊配种前）各免疫1次	按说明或皮下注射1毫升，15天后产生免疫力，免疫期为半年
羊炭疽芽孢苗	预防羊炭疽	春季（2～3月）	股内侧或尾部、腹下皮内注射，免疫期为1年
羊传染性脓疱性皮炎活疫苗	预防山羊口疮	每年3月和9月各1次	口腔黏膜内注射各0.2毫升
羊链球菌氢氧化铝菌苗	预防山羊链球菌病	每年3月和9月各1次	6月龄以下的羊接种量为每只3毫升，6月龄以上的羊每只5毫升
布鲁氏杆菌猪型2号弱毒疫苗	预防布鲁氏菌病	每年春季或秋季免疫1次	皮下或肌内注射，羊为10亿活菌
羊衣原体病灭活苗	预防衣原体病	每2年免疫1次	皮下注射，每只羊3毫升

57 怎样制定山羊主要传染病的免疫程序?

选择免疫依据：羊场所在地是否为疫区；羊场是否暴发过该类疾病；羊场所在地是否流行过该类疾病。

免疫程序的制定依据以下几点内容：

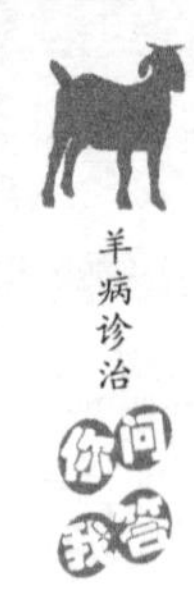

1）国家执行强制免疫的疫苗，见表5-2。

表5-2 国家强制免疫的疫苗

种类	用途	免疫时间	免疫方法
羊快疫、猝狙、羔羊痢疾、肠毒血症三联四防疫苗	预防梭菌性疫病	每年的春季（2~3月）和秋季（9~10月）各1次	成年羊和羔羊一律皮下或肌内注射5毫升
羊传染性胸膜肺炎灭活苗	预防传染性胸膜肺炎	根据各羊场免疫时间进行免疫	皮下或肌内注射，6月龄以下羊每只3毫升，6月龄以上羊每只5毫升
羊口蹄疫	预防口蹄疫	在春季（3月上旬，母羊产后1个月、羔羊生后1个月后）和秋季（8月，母羊配种前）各免疫1次	按说明或皮下注射1毫升，15天后产生免疫力，免疫期为半年

2）以羊场的发病史，发过什么病，发病日龄、频率、批次，来确定免疫疫苗的种类和时机，见表5-3。

表5-3 根据疫情选择免疫的疫苗

种类	用途	免疫时间	免疫方法
羊炭疽芽孢苗	预防羊炭疽	春季（2~3月）	股内侧或尾部、腹下皮内注射，免疫期为1年
羊链球菌氢氧化铝菌苗	预防山羊链球菌病	每年3月和9月各1次	6月龄以下的羊接种量为每只3毫升，6月龄以上的羊每只5毫升
羔羊大肠杆菌灭活苗	预防羔羊大肠杆菌病	每年春季（2~3月）和秋季（9~10月）各1次	3月龄以下的羔羊每只皮下注射1毫升，3月龄以上的羊每只2毫升

(续)

种类	用途	免疫时间	免疫方法
羊染性脓疱性皮炎活疫苗	预防山羊口疮	每年3月和9月各1次	口腔黏膜内注射各0.2毫升
羊痘弱毒冻干苗	预防羊痘	每年秋季免疫1次	均于腋下或尾内侧或腹下皮内注射0.5毫升
羊伪狂犬灭活苗	预防伪狂犬病	每年春季（2~3月）和秋季（9~10月）各1次	颈部皮下注射5毫升

3）原有的免疫程序和免疫使用的疫苗，羊场始终发生某种疾病，则需改变免疫程序或疫苗。

一些养殖户或养殖场联系不到疫苗生产厂家，也买不到质量好的疫苗，表5-4列出了国内可靠的生产羊疫苗的部分厂家供参考。

表5-4　市场上出售预防山羊疾病的常用疫苗

种类	预防疾病	生产厂家	用法用量	注意事项
羊快疫、猝狙、羔羊痢疾、肠毒血症四联干粉灭活疫苗（多联必应）	羊快疫、猝狙、羔羊痢疾、肠毒血症	哈药集团生物疫苗有限公司	肌内或皮下注射。按瓶签注明头份，临用时以20%氢氧化铝胶生理盐水溶液溶解成1.0毫升每头份，充分摇匀后，不论羊只年龄大小，每只均接种1.0毫升。免疫期为12个月	1. 接种时，应做局部消毒处理 2. 用过的疫苗瓶、器具和未用完的疫苗等应进行消毒处理
羊传染性胸膜肺炎（肺必应）	山羊传染性胸膜肺炎	哈药集团生物疫苗有限公司	皮下或肌内注射。成年羊，每只5.0毫升；6月龄以下羔羊，每只3.0毫升。免疫期为12个月	1. 切忌冻结，冻结后的疫苗严禁使用 2. 使用前，应将疫苗恢复至室温，并充分摇匀 3. 接种时，应做局部消毒处理 4. 用过的疫苗瓶、器具和未用完的疫苗等应进行消毒处理

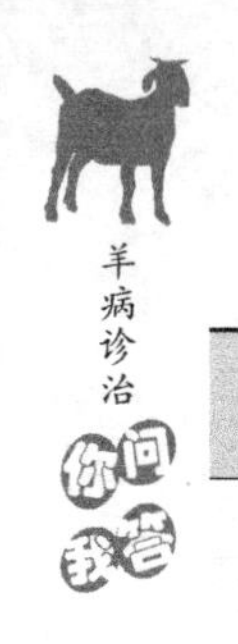

（续）

种　类	预防疾病	生产厂家	用法用量	注意事项
羊痘活痘疫苗（痘必应）	羊痘	哈药集团生物疫苗有限公司	尾根内侧或股内侧皮内注射。按瓶签注明头份，用生理盐水（或注射用水）稀释为每头份0.5毫升，不论羊只大小，每只0.5毫升。免疫期为12个月	1. 可用于不同品系和不同年龄的山羊及绵羊。不可用于孕羊 2. 在有羊痘流行的羊群中，可对未发痘的健康羊进行紧急接种 3. 稀释后，限当日用完 4. 用过的疫苗瓶、器具和未用完的疫苗等应进行消毒处理 5. 接种时，应做局部消毒处理
羊败血性链球菌病灭活疫苗（链必应）	败血性链球菌病	哈药集团生物疫苗有限公司	皮下注射。不论年龄大小，每只羊均接种5.0毫升。免疫期为6个月	1. 切忌冻结，冻结后疫苗严禁使用 2. 使用前，应将疫苗恢复至室温，并充分摇匀 3. 接种时，应做局部消毒处理 4. 用过的疫苗瓶、器具和未用完的疫苗等应进行消毒处理
羊大肠杆菌病灭活疫苗（埃必应）	大肠杆菌病	哈药集团生物疫苗有限公司	皮下注射。3月龄以上的绵羊或山羊，每只2.0毫升；3月龄以下的绵羊或山羊，如果需接种，每只0.5～1.0毫升。免疫期为5个月	1. 切忌冻结，冻结后的疫苗严禁使用 2. 使用前，应将疫苗恢复至室温，并充分摇匀 3. 接种时，应做局部消毒处理 4. 严禁接种怀孕羊 5. 用过的疫苗瓶、器具和未用完的疫苗等应进行消毒处理

（续）

种　　类	预防疾病	生产厂家	用法用量	注意事项
口蹄疫O型、亚洲I型二价灭活疫苗（OJMS株+JSL株）	羊O型、亚洲I型口蹄疫	金宇保灵生物药品有限公司	肌内注射，羊每只1毫升。免疫期为4～6个月	1. 疫苗应冷藏（但不得冻结），并尽快运往使用地点。运输和使用过程中避免日光直接照射 2. 使用前应仔细检查疫苗。疫苗中若有其他异物、瓶体有裂纹或封口不严、破乳、变质者不得使用。使用时应将疫苗恢复至室温，并充分摇匀。疫苗瓶开启后限当日用完 3. 本疫苗仅接种健康羊。病畜、瘦弱、怀孕后期母畜及断奶前幼畜慎用 4. 严格遵守操作规程。注射器具和注射部位应严格消毒，每头（只）更换1次针头。曾接触过病畜的人员，在更换衣服、鞋帽和进行必要消毒之后，方可参与疫苗注射 5. 疫苗对安全区、受威胁区、疫区牛羊均可使用。疫苗应从安全区至受威胁区，最后再注射疫区内受威胁畜群。大量使用前，应先小试，在确认安全后，再逐渐扩大使用范围 6. 在非疫区，注苗后21天方可移动或调运 7. 在紧急防疫中，除用本品紧急接种外，还应同时采用其他综合防治措施 8. 用过的疫苗瓶、器具和未用完的疫苗进行消毒处理

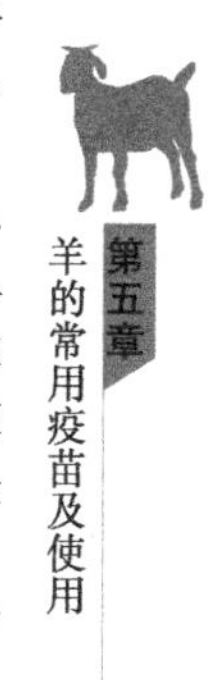

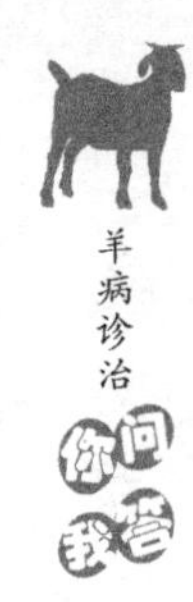

（续）

种类	预防疾病	生产厂家	用法用量	注意事项
布氏菌病活疫苗（S_2株）	布氏杆菌病	金宇保灵生物药品有限公司	口服免疫，也可肌内注射。怀孕母畜口服后不受影响，畜群每年接种1次，长期使用，不会导致血清学的持续阳性反应。口服免疫，山羊和绵羊不论年龄大小，一律口服活菌100亿，间隔1个月。注射免疫，皮下或肌内注射均可，山羊注射25亿菌。免疫期36个月	1. 注射法不能用于孕畜和小尾寒羊 2. 稀释后，限当日用完 3. 拌水饮服或灌服时，应注意用凉水。若拌入饲料中，应避免使用含有添加抗生素的饲料、发酵饲料或热饲料。动物在接种前、后3天，应停止使用含有抗生素添加剂饲料和发酵饲料 4. 采用注射途径接种时，应做局部消毒处理 5. 本品对人有一定的致病力，使用时，应注意个人防护 6. 用过的疫苗瓶、器具和未用完的疫苗等应进行无害化处理。用过的木槽可以用日光消毒

第六章 细菌性疾病

58 哪些细菌病是属于人畜共患的？

人类与家养动物朝夕相处，使得很多种动物源性的人畜共患病传播感染人的概率增大；由于畜牧业的从业人员队伍不断在增加、素质参差不齐、自我防护意识淡薄等因素，导致人畜共患病感染的概率上升。羊的很多细菌病能够感染人，引起患病的主要有以下几种，见表6-1。

表6-1　羊的人畜共患细菌病

病名	病原菌	人感染后的临床症状	患者分布特点
炭疽病	炭疽杆菌	炭疽杆菌感染人后主要表现三种类型 皮肤炭疽，主要表现红色斑疹、丘疹、水疱、坏死出血、溃疡、分泌物形成黑色痂皮；眼睑、颈部、四肢皮下组织发生广泛性肿胀 肺炭疽，主要表现高热、发绀、寒战、气喘、咳嗽、咯血、胸痛，常伴发败血症 肠炭疽，主要表现发病急、高热、呕吐、腹痛、水样腹泻、血便，严重者出现毒血症症状	主要是从事畜牧业以及有关畜产品加工的人员

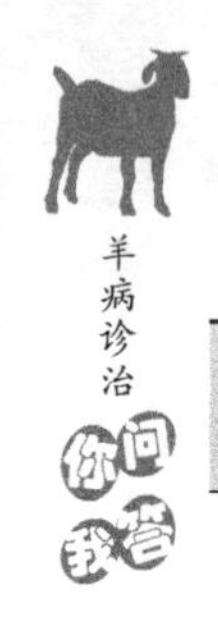

（续）

病名	病原菌	人感染后的临床症状	患者分布特点
破伤风	破伤风梭菌	发病初期低热、头痛、四肢痛、咀嚼痉挛，随后出现张口呼吸、牙关紧闭，呈苦笑状，颈背、躯干及四肢肌肉发生阵发性强直痉挛，吞咽困难，严重时角弓反张	无明显特点，但在某些地区可出现群发
布氏杆菌病	布鲁氏菌	分为急性、亚急性和慢性三类；主要表现为体温呈波型热；男性患者睾丸肿大及患睾丸炎、附睾炎等，孕妇可能流产	患者有明显的职业特点，牧区牧民，毛皮加工、挤奶以及科研人员
结核病	结核分枝杆菌、牛分枝杆菌、非洲分枝杆菌和田鼠分枝杆菌	发病初期出现轻微咳嗽或咯痰，四肢结节性红斑、胸痛、咯血；全身症状精神萎靡、易倦乏力、性情烦躁、心悸、食欲减退、体重减轻、盗汗、不规则低热	主要是动物管理人员以及饲养员；幼龄儿童发病少于成年人
沙门氏菌病	伤寒沙门氏菌、副伤寒沙门氏菌、鼠伤寒沙门氏菌等多种	感染人主要表现以下三种类型 胃肠炎型，患者发病急、畏寒发热、头痛、食欲不振、恶心、呕吐、腹痛、腹泻拉黄色水样稀粪 败血型，患者发病急、畏寒发热、呈间歇热，血液中可检出病原菌 局部感染化脓型，患者在发热期或发热后，出现一处或多处化脓灶，见于身体的任何部位	任何年龄的人都能发生，但1岁以内的婴儿和老人发病最多
大肠杆菌病	产肠毒素性大肠杆菌、肠致病性大肠杆菌、侵袭性大肠杆菌等8类	人的大肠杆菌病主要表现为胃肠炎、新生儿脑膜炎和尿路感染，也可导致新生儿败血症。胃肠炎型主要见于婴儿，其发病急、表现腹泻、呕吐；成年人患腹泻病症状较轻	主要通过污染水源、食品、用具等经消化道感染；各个年龄均可发病，幼儿多发，成年人散发，旅游者集体发病

（续）

病名	病原菌	人感染后的临床症状	患者分布特点
巴氏杆菌病	多杀性巴氏杆菌	临床上主要分为有伤口感染型和非伤口感染型两类。伤口感染型出现伤口剧烈疼痛、肿胀、发热、化脓、淋巴结肿胀；非伤口感染型主要出现呼吸道症状，即肺炎、肺气肿、肺脓肿、扁桃体炎等。本菌也能引起中耳炎、脑膜炎、结膜炎、膀胱炎等	因饲养犬猫等宠物，被咬伤或抓伤导致感染
李氏杆菌病	产单核细胞李氏杆菌	人类李氏杆菌病主要通过消化道传染，孕妇感染后可通过胎盘或产道感染胎儿或新生儿，眼和皮肤与病畜直接接触，也可发生局部感染，主要表现脑膜炎、败血症和单核细胞增多症	以新生儿最多见，其次是婴儿、孕妇、老人和免疫缺陷者

59 怎样控制炭疽杆菌病?

炭疽杆菌病能引起人畜共患的急性、热性、败血性传染病，世界动物卫生组织将其列为必须报告的动物疫病，我国将其列为二类动物疫病。炭疽的发生有一定的季节性，多发于吸血昆虫多、雨水多、洪水多的季节。

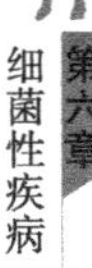

【流行特点】 病畜是本病的主要传染源。病畜和尸体的器官、组织及血液中，特别是临死前天然孔流出的血液中会有较大量的炭疽杆菌，这常是引起扩大传播的重要原因。吸血昆虫的叮咬，也是一个重要的传播途径。

【临床症状】 炭疽病主要呈急性经过，多以突然死亡、天然孔出血、尸僵不全为特征。

我国炭疽防治技术规范规定该病的潜伏期为20天，一般为1～3天。患病羊表现为体温升高，常达41摄氏度以上，可视黏膜呈暗紫色，心跳过快、呼吸困难。呈慢性经过的病羊在颈、胸前、肩胛、腹下或外阴部常见水肿；皮肤病灶温度增高，坚硬，有压痛，也可以发生坏死，有时形成溃疡，颈部水肿常与咽炎和喉头水肿相伴发

生，致使呼吸困难加重。羊患病时表现为最急性（猝死）病症，表现为摇摆、磨牙、抽搐、挣扎、突然倒毙，有的可见从天然孔流出带气泡的黑红色血液。

【防控措施】 养殖户一旦发现炭疽疫情应立即报告动物防疫监督机构，尽早采取积极妥善的处理措施。要立即隔离疑似患病动物及同群动物，对病死动物尸体，严禁食用、解剖，防止病原污染环境，形成永久性疫源地。确诊为炭疽后，应按规定划定疫点、疫区、受威胁区（疫点指患病动物所在地点。疫区指疫点边缘外延3千米范围内的区域。受威胁区指疫区外延5千米范围内的区域）。疫点出入口必须设立消毒设施，限制人、易感动物、车辆进出和动物产品及可能受污染的物品运出。疫区交通要道建立动物防疫监督检查站，派专人监管动物及产品的流动，对进出人员、车辆进行严格消毒。停止疫区内动物及动物产品的交易、移动。对受威胁区内所有动物进行免疫接种。

炭疽呈零星散发时，应对患病动物做无血扑杀处理，对同群动物立即进行强制免疫接种，并隔离观察20天。

对炭疽死畜的尸体应就地焚烧。如果需移动尸体，应先用5%福尔马林消毒尸体表面，然后搬运，并应将原放置尸体的地方及尸体天然孔出血及渗出物用5%福尔马林消毒数次，并注意搬运过程避免污染沿途路段，焚烧时应将尸体垫起，用油或木柴均可，但要烧成灰烬，不能留有未烧透的尸块再去掩埋，甚至到处丢弃。

被污染的粪肥、垫料、饲料等，应混以适量干碎草，在远离建筑物和易燃品处彻底焚烧。被污染过的开放式房屋、圈舍可用5%福尔马林喷洒消毒三遍。

对砖墙、土墙、地面污染严重处，可用酒精或汽油喷灯地毯式喷烧一遍，然后再用5%福尔马林喷洒消毒3遍。对封闭式房屋及室内橱柜、用具消毒，可用福尔马林熏蒸消毒。熏蒸前先将门窗关闭，通风孔隙用高粘胶纸封闭，工作人员戴专用防毒面具操作。密封8~12小时后，打开门窗换气，然后使用。

猪、牛等动物死亡污染的泥浆、粪汤，可用20%漂白粉1份，作用2小时。污水按水容量加入甲醛溶液，使其含甲醛液量达到5%，处理10小时；或者用3%过氧乙酸处理4天。耐高温的衣物、工具、器具等可用高压蒸汽灭菌器在121摄氏度高压蒸汽灭菌1小时；不耐高温的器具可用甲醛熏蒸，或用5%甲醛溶液浸渍消毒。

运输工具、家具可用10%漂白粉液或1%过氧乙酸喷雾或擦拭，作用1~2小时。凡无使用价值的严重污染物品可用火彻底焚毁消毒。皮毛、猪鬃、马尾可采用97%~98%的环氧乙烷、2%二氧化碳、1%十二氟混合液体，加热后输入消毒容器里，经48小时渗透消毒，开启容器换气，检测消毒效果。

【预防接种】 对家畜进行早期免疫接种，目前炭疽免疫接种菌苗有：第1号炭疽芽孢苗、无毒炭疽芽孢苗、炭疽保护性抗菌原苗。从事炭疽病人治疗、护理、检验及处理污染环境的专业工作者，必要时应进行免疫接种，如果来不及接种疫苗，可采取药物预防，被确定为炭疽芽孢杆菌污染物品的接触者或炭疽病人接触者，应给予抗生素预防。

60 怎样控制羊破伤风杆菌病？

破伤风又称“锁口风”“强直症”。它是由破伤风梭菌引起的一种急性、创伤性人畜共患中毒性传染病。其特征为患畜骨骼肌持续性痉挛和对外界刺激反射兴奋性增强。

【流行特点】 依据病羊的创伤史和比较特殊而明显的临床症状，确诊不难。破伤风梭菌在自然界中广泛存在，只要创口内具备缺氧条件，破伤风杆菌就能在创口内生长繁殖产生毒素，侵袭中枢神经系统。常见于外伤、去势和脐部感染。在临诊上有不少病例往往找不出创伤，这种情况可能是在破伤风潜伏期中创伤已经愈合，也可能是经胃肠黏膜的损伤而感染，该病以散发形式出现。

【临床症状】 该病的潜伏期为5~20天，但在特殊情况下可能延长。患羊四肢僵硬，头向后仰，初发病时，仅步行稍不自然，不易引起饲养员的特别注意；病势发展时，则双耳直硬，牙关紧闭，不能吃东西，口腔内黏液多。颈部及背部强硬，头偏于一侧或向后弯曲；四肢伸直，腹部蜷缩，好像木制的假羊，如果扶起行走，严重者无法迈步，一经放手，即突然摔倒。突然的音响可引起骨骼肌

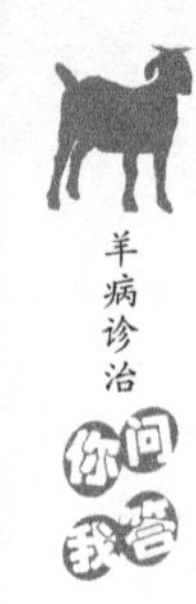

发生痉挛，而使病羊倒地。症状轻微时，脉搏和体温无大变化。严重时，体温可以增高，脉搏细而快，心脏跳动剧烈。病的后期，常因急性胃肠炎而发生腹泻，死亡率很高。

【预防】 要特别重视接产时的消毒工作，对脐带断端认真涂抹碘酒。羊身上任何部分发生破伤风时，均应用碘酒或2%的红汞严密消毒，并应避免泥土及粪便侵入伤口。在破伤风流行区域，可能的情况下，应及时用破伤风抗毒素做预防注射，剂量为400单位。经常发生破伤风的地区，可以注射破伤风类毒素。

【治疗】 加强护理，将病羊放于黑暗安静的地方，避免能够引起肌肉痉挛的一切刺激。给予柔软易消化而容易咽下的饲料（如稀粥），经常在旁边放上清水。多铺垫草，每天给患羊翻身5～6次，以防发生褥疮。为了消灭细菌，防止破伤风毒素继续进入体内，必须彻底清除伤口的脓液及坏死组织，并用1%高锰酸钾、1%硝酸银、3%双氧水（过氧化氢）或5%～10%碘酒进行严格消毒。病的早期同时应用青霉素与磺胺类药物。

中和毒素，可先肌内注射40%乌洛托品5～10毫升，再肌内注射或静脉注射大量破伤风抗毒素，每次5万～10万单位，每天1次，连用2～4天。也可将抗毒素混于5%葡萄糖溶液中静脉注射。

缓解痉挛，皮下注射25%或肌内注射40%的硫酸镁溶液，每天1次，每次5～10毫升，分点注射。或水合氯醛（和入黏浆剂或温水中）施行直肠灌注。对于牙关紧闭的羊，可将3%的普鲁卡因5毫升和0.2～0.5毫升的0.1%肾上腺素混合，注入咬肌。

61 羊的布氏杆菌病有哪些症状？该怎样控制？

布鲁氏杆菌病是由布鲁氏杆菌引起的人畜共患的一种慢性传染病。

【流行病学】 羊、牛较为常见，主要侵害生殖系统，以母畜发生流产死胎、公畜发生睾丸炎为特征。人也能感染该病，羊布鲁氏菌对人的侵袭力和致病性最高。人被感染上后表现为缓慢发病，长期发热、多汗、虚弱、全身痛和关节痛，严重者丧失劳动能力。国内最近几年出现了几例羊患布鲁氏杆菌病，而导致饲养人员和其身边的人被感染的情况，这不仅给养殖户带来了经济损失，而且使被感染者从身心上和精神上受到了严重的伤害。

本病传播途径为消化道，通过污染的饲料、饮水等感染羊。本病也可通过阴道、皮肤、眼结膜、配种和呼吸道等入侵机体。吸血昆虫也能传播该病。该病主要呈地方性流行，四季均可发生。

【临床症状】 显著症状是怀孕母羊流产，一般多在妊娠的3～4个月发生；流产前，精神不振、食欲减退、体温升高，流产的胎儿多死亡或成活的极度衰弱。公羊睾丸肿大疼痛，出现睾丸炎和附睾炎；出现关节炎，关节肿胀疼痛、滑液囊炎和轻度乳房炎。

【预防】 免疫接种是防治该病的根本措施之一。目前使用的主要是活疫苗，每年免疫1次，连续4～5年。

【治疗】 无治疗价值，阳性羊实行淘汰处理。

62 怎样控制李氏杆菌病？

李氏杆菌病是由产单核细胞李氏杆菌引起的一种急性或慢性传染病。

【流行病学】 本病可分为子宫炎型、败血型和脑炎型。在家畜中，绵羊的李氏杆菌病最为常见，并几乎全为脑炎型，各种年龄和性别的绵羊都可患病；败血型间或发生于10日龄以下的羔羊；子宫炎型多发生于怀孕最后两个月的头胎绵羊。山羊的病型与绵羊的相同。除羊外，本病也发生于猪和家兔，其次为牛、家禽、犬和猫，马极为少见。人可感染发病。多呈散发性，偶呈地方性流行。许多野兽、野禽和啮齿动物尤其是鼠类都易感染，且常为本菌的贮存宿主。饲喂低劣的青贮饲料可引发本病。

【防治措施】

1）停止饲喂青贮麦秸，改喂其他干草及配合饲料，将部分羔羊转移至其他羊舍，减少发病群饲养密度。

2）病羔羊隔离，尸体高温处理后作为本场肉狗饲料，发病羊舍及运动场全面喷雾消毒。

3）全群于配合饲料中添加复方磺胺间甲氧嘧啶，连用，添加多

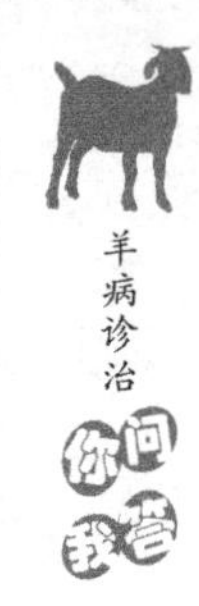

种维生素制剂，连用，饮水中加口服补液盐每天两次，连续。病羔采用磺胺嘧啶钠、青霉素肌内注射或静脉注射。

63 副结核病应采取什么防控措施?

羊副结核病是由禽分枝副结核亚种引起绵羊、山羊的慢性消化道传染病。该病的主要特征是呈周期性或持续性腹泻和进行性消瘦。

本病易感的动物较多，山羊、绵羊、牛、鹿和骆驼均能感染发病。

【临床症状】 间歇性下痢发展到持续性下痢，最后变为水样腹泻，粪便恶臭；贫血、营养不良，消瘦，最后全身衰竭而亡。

【防控措施】 淘汰和扑杀副结核阳性羊，诊断为阳性者均采用扑杀淘汰，肠道废弃消毒处理，肉可以食用。

羊舍、饲槽、用具及运动场采用生石灰、来苏儿、漂白粉等消毒剂进行消毒。粪便和剩余饲草堆积发酵。

【免疫】 尚无安全有效的疫苗。

64 羔羊大肠杆菌病有哪些症状？该怎样防治?

大肠杆菌病多发生于数日龄至6周龄以内的羔羊，有些地方6~8月龄的羔羊也可能发生，因其排出白色稀粪，所以又称“羔羊白痢”或又叫羔羊大肠杆菌病。

【临床症状】 其特征是呈现剧烈的下痢和败血症。病羊潜伏期1~2天。下痢型多发生于2~8日龄新生羔。病初体温略高，出现腹泻后体温下降，粪便呈半液状，带有气泡，具有恶臭味，起初呈浅黄色，继之变为浅灰白色，含有乳凝块，严重时混有血液。羔羊表现腹痛，虚弱，严重脱水，不能起立。如果不及时治疗，可于24~36小时死亡，病死率15%~17%。败血型，多发生于2~6周龄羔羊。病羊体温为41~42摄氏度，精神沉郁，迅速虚脱，有轻微的腹泻或不腹泻，有的带有神经症状，运步失调、磨牙、视力障碍，也有的病例出现关节炎，多于病后4~12小时死亡。

【预防】 预防败血型的大肠杆菌灭活苗，皮下注射。3月龄以上的绵羊或山羊，每只2.0毫升；3月龄以下的绵羊或山羊，如果需

接种，每只0.5~1.0毫升。免疫期为5个月。

肠型大肠杆菌病血清型较多，免疫效果不理想。

【治疗】 发病羔羊用氟苯尼考20毫克/(千克·天)，或阿莫西林10~20毫克/(千克·天)，或恩清沙星2.5~5毫克/(千克·天)，或多西环素20毫克/(千克·天)等抗生素，配合氟尼辛葡甲胺1.1~2.2毫克/(千克·天)。新生羔羊可用胃蛋白酶0.2~0.3克灌服。对脱水严重的，静脉注射5%葡萄糖盐水20~100毫升。

65 羊巴氏杆菌病有哪些症状？该怎样防治？

由溶血性巴氏杆菌或多杀性巴氏杆菌引起，该病主要发生于绵羊，称为绵羊出血性败血症，主要特征是呼吸道和内脏器官发生出血性炎症。羔羊多在断奶期发生。

【临床症状】

（1）最急性型 多见于哺乳羔羊，表现为突然发病，出现寒战、虚弱、呼吸困难等，常在数小时内死亡。

（2）急性型 病羊精神沉郁，体温升高到41~42摄氏度，咳嗽，鼻孔流血并混有黏液。病初便秘，后期腹泻，有的粪便呈血水样，最后因腹泻脱水而死亡。

（3）慢性型 病羊消瘦，食欲减退，咳嗽，呼吸困难，死前极度消瘦。

【剖检症状】 气管黏膜弥漫性充血，有多量的黏液，咽喉部有出血点，胸腔有少量浅黄色积液，心肌松软，心冠脂肪及心外膜有严重的大面积出血，肺脏淤血，表面可见点状出血，有肝变，肝脏稍肿大，表面有土黄色的变性，而且一只的肝脏表面有三处凹陷性、约高粱粒大小的溃疡灶，肝表面有局灶性瘀血，胆囊充盈，胆汁较稀薄，脾脏几乎无变化，肾脏稍肿大，表面有土黄色的变性，切面皮质部有针尖大小的出血点，肾乳头处有水肿，整个肠道弥漫性充血、出血，特别以小肠段充血出血明显，真胃弥漫性充血。肺门淋巴结、肠系膜淋巴结、髂内淋巴结及纵隔淋巴结肿大、切面潮红、水肿。

【防治】 病羊和可疑羊用青霉素4万单位每千克体重、链霉素1万单位每千克体重，进行肌内注射，高热的病羊用30%安乃近2毫

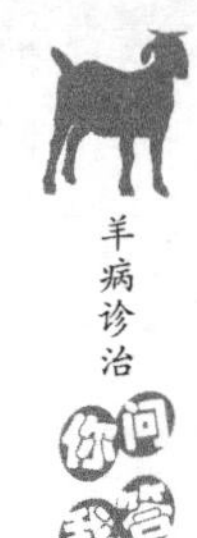

升肌内注射，病情严重、全身衰弱、食欲废绝者，用5%葡萄糖盐水500毫升、维生素C 4毫升、氟尼辛葡甲胺注射液2～3毫升，1次静脉滴注，每天2次，连续3天。也可以用高免血清进行治疗或紧急预防接种。

对病羊及可疑病羊，加强饲养管理，提高羊群的营养水平，补充富含维生素的饲料，给予清洁饮水。喂干草时可加入少量谷粉及麸皮，保持轻泻作用，不要喂给大量精饲料。

对健康的养只进行疫苗防疫注射。

做好饲养管理和消毒工作，对圈舍、用具等用10%漂白粉或20%石灰水进行消毒，对圈舍进行清洁、通风。

注意环境的改变，如气温突变、运输、饲料改变等要采用药物预防。

66 怎样防治羊坏死杆菌病？

羊坏死杆菌病是由坏死梭杆菌引起绵羊的蹄部或下肢关节炎症，又称为绵羊腐蹄病。

【临床症状】

（1）急性病例 一侧蹄叉皮肤肿胀和湿润，轻度跛行，蹄叉角质发生坏死；后肢患病时，患肢悬垂，不敢着地。蹄趾间、蹄冠发生红肿，继而出现溃疡，流少量有腐臭味的黏稠脓性渗出物。

（2）慢性病例 病程较长，肢蹄形成慢性弥漫性肿胀，长期跛行。当天气炎热的时候，慢性病例也可能转化为急性腐蹄病。

【预防】 搞好圈舍及周边环境卫生，将患病羊进行隔离，用百毒杀对羊场内外环境进行彻底消毒，以后每周消毒1次。注意圈舍卫生和干燥，放牧时避开低洼及潮湿或荆棘多的地区，注意护理羊的四肢。出现创伤应及时进行外科处理，以防感染。本病流行严重的地区宜采用漏缝软质地板圈舍，对防治本病效果较好。

【治疗】 蹄叉腐烂的用10%硫酸铜溶液充分洗净，患蹄涂以10%碘酒，再涂以鱼石脂，然后打上绷带，每月换药1次，连续3次。腐蹄的用小刀由腐烂的角质部向内挖，直到挖出腐臭脓汁为止，用30%硫酸铜洗患蹄，创口内涂10%碘酒，再放高锰酸钾粉后打

绷带。

向创腔内注射长效治菌磺进行清洗，然后用长效治菌磺与赋形剂（化石粉）混合成糊，涂创口及周围，再用纱布将创口及周围包扎，一般1周后即可治愈，治愈率达98%，严重病例连续2周换药，即可治愈。

大批发生四肢关节坏死杆菌病时，设置浴槽，槽内液体深度以与羊前肢长2/3为准，槽内盛10%硫酸铜液或1%的高锰酸钾液或福尔马林液药浴四肢，浴后绵羊四肢保持在通风条件下至少1小时。

67 怎样防治羊链球菌病？

羊链球菌病也称为羊败血性链球菌病，是发生于山羊和绵羊的一种急性热性传染病，主要是引起全身性出血性败血症以及卡他性肺炎、纤维素性胸膜炎与胆囊肿大等症状。

【流行病学】 本病绵羊最易感，山羊次之；常呈地方性流行或散发，具有明显的季节性，多在冬春季节发生。病羊大部分呈急性经过而死亡，少数呈慢性经过而成为带菌者，发病率一般为15%～24%，死亡率高。

【临床症状】 最急性病例24小时内死亡，不容易观察到临床症状。急性病例，体温升高至41摄氏度以上，精神委顿，头颈低垂，背腰拱起，呆立不动。眼结膜充血，流泪，以后出现脓性分泌物，鼻腔内流出浆液性或脓性鼻液。咽喉肿胀，呼吸困难，有的咳嗽；急性病例多数在2～3天后窒息死亡。亚急性病例，病程长，一般2周左右，症状与急性病例相似；病羊后期出现声音嘶哑、呻吟，前肢或后肢跪地，脖颈长伸，抽搐死亡。

【预防】 控制传染源。羊圈及场地、用具要认真消毒。常发区一定要有严格的消毒制度，由专人消毒，防止病原侵入，冬季和春季不能引进外来羊只。常发地区入冬前可应用链球菌氢化铝甲醛苗来进行注射预防，山羊、绵羊均皮下注射3毫升，3月龄以下的羔羊首次注射后经2～3周再强化免疫1次。

对病羊及时隔离，及时焚烧深埋病死羊及其残留垃圾物，羊舍用3%来苏儿彻底消毒，并坚持经常性清理与消毒。

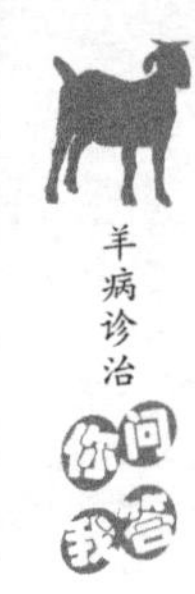

【治疗】 青霉素每只160万单位肌内注射（小羊减半），阿莫西林10毫克/千克体重，或头孢噻呋2~4毫克/千克体重，或头孢喹肟2~4毫克/千克体重，重症者配合使用氟尼辛葡甲胺注射液1.1~2.2毫克/千克体重，维生素C等对症治疗，每天2次，连用3天，可收到良好效果，第四五天可以用前述抗生素巩固治疗。

对无临床症状的同群羊全部采用复方磺胺间甲氨嘧啶钠粉口服进行预防性处理，用量为每千克体重20毫克，连用3天。

68 羔羊的肺炎链球菌病怎样防治？

羊肺炎链球菌病是由C群马链球菌兽疫亚种引起的急性热性传染病。绵羊最易感，山羊次之。主要特征是出血性败血症及浆液性肺炎与纤维素性肺炎。

【临床症状】 病羔羊精神沉郁，体温升高达41摄氏度，食欲减退或废绝，呼吸、脉搏加快；咳嗽，流眼泪，有脓性分泌物，流涎，流鼻，呈黏液或脓性；咽喉肿胀，下颌淋巴结肿胀；粪软，部分病羊粪便带有血液和黏液。濒死时头颈弯向一侧抽搐窒息而死，病程1天，为最急性型。

【剖检症状】 典型病变在肺，呈暗红色，肺瘀血，出血，水肿，间质增宽，中间叶及膈叶末端坏死；咽喉、气管环黏膜出血；胸腔、心包积液；肝肿大、呈土色，边缘黑色，胆囊肿大，胆汁稀薄；肾肿大，质脆，包膜不易剥离，表面有出血点；全身淋巴结肿大，出血。其余脏器无明显病变。

【预防和治疗】 同68问。

69 怎样防治羊沙门氏杆菌病？

羊沙门氏菌病主要有鼠伤寒沙门氏菌、羊流产沙门氏菌、都柏林沙门氏菌引起羊的一种急性传染性疾病。主要以羊下痢、流产，弱子或死胎为特征。

【流行特点】 沙门氏菌病可发生于不同年龄的羊，无季节性，传染以消化道为主，交配和其他途径也能感染；各种不良因素均可促进该病的发生。

【临床症状和剖检症状】 潜伏期长短不一，依动物的年龄、应激因子和侵入途径等而不同。

(1) 羔羊副伤寒（下痢型） 多见于15~30日龄的羔羊，体温升高达40~41摄氏度，食欲减退，腹泻，排灰黄色糊状粪便或黏性带血稀粪，有恶臭，有的病羔羊出现呼吸急促，流黏性鼻液，咳嗽；精神委顿，虚弱，低头，拱背，继而倒地，经1~5天死亡。发病率约为30%，病死率约为25%。剖检见病羔尸体消瘦，真胃与小肠空虚，黏膜充血，肠道内容物稀薄如水，肠系膜淋巴结水肿，脾脏充血，肾脏皮质部与心外膜有血点。

(2) 绵羊流产 多见于妊娠的最后两个月，病羊体温升至40~41摄氏度，厌食，精神抑郁，部分羊有腹泻症状。病羊产下的活羔，表现衰弱、委顿、卧地，并可有腹泻，往往于1~7天死亡。病母羊也可在流产后或无流产的情况下死亡。羊群暴发1次，一般持续10~15天。剖检流产、死产胎儿或生后1周内死亡的羔羊，表现败血症变，组织水肿、充血，肝脾肿胀，有灰色病灶，胎盘水肿、出血。

【预防】 注意环境卫生消毒，制造良好的饲养环境。冬天做好保温防风工作，秋季做好防潮工作。产羔房每次产羔完和临产前要彻底清洁消毒，用2%~4%火碱彻底对地面、墙面喷雾，然后密闭用福尔马林或过氧乙酸熏蒸消毒。产羔期最好能每天喷雾消毒1次。消毒药物选择3~4种轮流替换使用，常用消毒药物有季铵盐、过硫酸氢钾复合盐、复合碘等。

注意怀孕母羊的营养及体况。母羊怀孕期运动必不可少；饲料营养须根据母羊的营养状况调整，尤其怀孕后期。饲料中最好能加大蛋白饲料及维生素E的用量。临产前30天和15天注射1次亚硒酸钠或维生素E；母羊产后3天内喂给红糖麸皮水（红糖100克，麸皮300克），以保证母羊奶汁充足和体况快速恢复并做好怀孕母羊的防疫工作。

【治疗】 对该病有治疗作用的药物很多，但必须配合护理及对症治疗。首选药为头孢喹肟、氟苯尼考、恩诺沙星，按每天每千克体重头孢喹肟2~4毫克，或氟苯尼考20毫克，或恩诺沙星2.5~5.0毫克，肌内注射，1天1~2次。重症时，配合氟尼辛葡甲胺

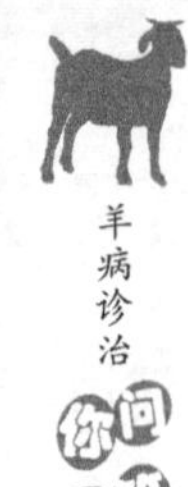

1.2~2.2毫克/千克体重，肌内注射，康复期配合使用促菌生、调痢生等微生态制剂，按说明拌料或口服，使用时不可与抗菌药物同用。预防的主要措施是加强饲养管理。羔羊在出生后应及早吃初乳，并注意保暖；发现病羊应及时隔离并立即治疗；被污染的圈栏要彻底清洁和消毒，发病羊群进行药物预防。该病与饲养管理、环境卫生密切相关。

70 怎样防治山羊的结核杆菌病?

羊的结核杆菌病是由结核分枝杆菌引起的人畜共患的一种慢性传染病。临床以频咳、呼吸困难及体表淋巴结肿大为特征。病理特征在多种组织器官形成肉芽肿和干酪样坏死或钙化结节。病畜是传染源，主要经呼吸道感染。

【流行特点】 结核杆菌分为：牛型结核杆菌、人型结核杆菌和禽型结核杆菌，三种结核杆菌均可感染人，羊、牛等家畜和家禽，感染后均发生结核病。结核杆菌的形状为杆状，人型结核杆菌长而稍弯曲，牛型结核杆菌短而粗，禽型结核杆菌小而粗，具多形性。结核杆菌对外界环境的抵抗力较强。在干燥的痰内可生存6~8个月，在冰点下可生存4~5个月，污水中保持活力11~15个月，直射阳光下照射约2小时可被全部杀死。对湿热的抵抗力差，60摄氏度经30分钟即可失去活力，100摄氏度立刻死亡。5%石炭酸或来苏儿溶液需24小时才能将其杀死。4%福尔马林12小时将其杀死。病畜是本病的主要传染源，病畜的粪便、乳汁及气管分泌物等排出结核杆菌，污染周围环境而传播本病。结核病主要通过呼吸道或通过被污染的饲料、饮水和乳汁，经消化道感染。有时也可经胎盘或生殖道感染。结核病一年四季均可发生，但饲养管理不良，畜舍阴暗、潮湿和拥挤等不良因素，均可促进本病发生与传播。

【临床症状】 病羊体温多正常，有时稍升高。消瘦，被毛干燥，精神不振，多呈慢性经过。当患肺结核时，病羊咳嗽，流脓性鼻液；当乳房被感染时，乳房硬化，乳房淋巴结肿大；当患肠结核时，病羊有持续性消化机能障碍、便秘、腹泻或轻度胀气。羊结核急性病例少见。

【剖检症状】 羊尸体消瘦，黏膜苍白，在肺脏、肝脏和其他器

官以及浆膜上形成特异性结核结节和干酪样坏死灶。干酪样物质趋向软化和液化，并具明显的组织膜是山羊结核结节的特征。原发性结核病灶常见于肺脏和纵膈淋巴结，可见白色或黄色结节，有时发展成小叶性肺炎。在胸膜上可见灰白色半透明珍珠状结节，肠系膜淋巴结有结节病灶。

【预防】 定期对羊进行临床检查，发现阳性者，及时采取隔离消毒措施，对利用价值不大者应扑杀，以免传染健康羊。

【治疗】 可用异烟肼、链霉素等药物。链霉素按10毫克每千克体重，肌内注射，1天2次，连用数天。异烟肼按4~8毫克每千克体重，分3次灌服，连用1个月。病羊所产乳汁，要单独存放、煮沸消毒；所产羊羔用1%来苏儿洗涤消毒后，隔离饲养，3个月后进行结核菌素试验，阴性者方可与健康羊群混养。

71 怎样防治山羊的土拉杆菌病?

土拉杆菌病是草场山羊，特别是羔羊的一种急性败血性疾病，以发热、肌肉僵硬与淋巴结增大为特征。

【流行病学】 本病发生于所有品种、性别和年龄的绵羊，但以哺乳羔羊和周岁母羊更为易感。山羊也易感，人也可以受到感染。

本病的易感动物种类很多。在家畜中，绵羊、猪、黄牛、水牛、马和骆驼均易感。野兔和野生啮齿动物是主要传染源。传播媒介是蜱、蚊和虻等吸血昆虫。

【临床症状】 病羔掉队，运动强直，行动缓慢，步行时头部高抬。体温升高到41.5~42.5摄氏度，脉细而快。呼吸加速和咳嗽，出现贫血和腹泻，外周淋巴结，特别是肩前淋巴结显著肿胀。有大量蜱寄生在腹部和耳周围。患病母羊可能流产或产死羔。发病率达40%，死亡率达38%。病程5~10天不等。

【预防】 当大量已感染的蜱活动时，使羊群离开有蜱的放牧场或过路的草场，以避免土拉菌病的感染。为了防止蜱对羊群的侵袭，可用灭蜱药物进行全群药浴；病死羊及鼠类尸体要深埋，以免污染环境。由于人类对土拉杆菌病有易感性，放牧人和看护者应避免剖开死羊。

【治疗】 对羔羊，用土霉素（每千克体重6~10毫克），或多西

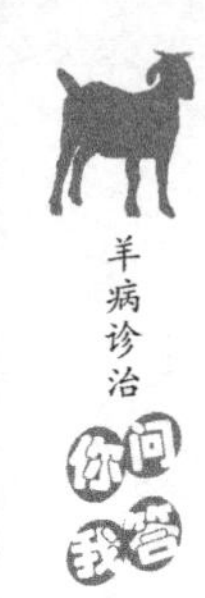

环素（每千克体重10毫克），肌内注射。

72 怎样防治羊的肉毒梭菌中毒?

肉毒梭菌中毒症也叫肉毒梭菌病或肉毒中毒症，是人畜共患的急性病。夏秋季节是羊肉毒梭菌中毒病的高发、多发时期，因为夏秋雨季高温、高湿，特别是洪涝灾害后，各种谷物饲料、动植物高蛋白质饲料、发酵的青贮饲料以及采收过多的青草、青菜等都不易保存，饲料易受潮，尤其是被水泡过的饲料，更容易变质、发霉和腐烂。腐烂的饲料中都含有肉毒梭菌，如牛、羊等动物采食了腐烂的草料和饮用了变质的水，其中含有的肉毒梭菌就会在牛、羊体内繁殖，产生带有毒素的代谢产物，而引起人畜共患的急性食物中毒性毒血症。这种病在家畜中以牛和羊、马最易发病，猪次之，再次为家禽。

肉毒梭菌经常以芽孢体的形式广泛存在于自然界，动物肠道内容物、粪便、腐败尸体、腐败饲料以及各种植物中都经常含有，但土壤为其自然居留场所。自然发病主要是由于牛、羊摄食了含有毒素的食物或饲料引起，一般不能将疾病传给健康者，食入肉毒梭菌也可在体内增殖并产生毒素而引起中毒。畜禽中以鸭、鸡、牛、马较多见，绵羊、山羊次之，猪、犬、猫少见，兔、豚鼠和小鼠都易感，貂也有很高的易感性。其易感性大小依次为单蹄兽、家禽、反刍兽和猪。

【流行病学】 本病的发生有明显的地域分布，并与季节和土壤类型等有关。在温带地区，肉毒梭菌发生于温暖季节，因为在22～37摄氏度，饲料中的肉毒梭菌才能大量地产生毒素。在缺磷、缺钙草场放牧的羊有舔啃尸骨的异食癖，更易中毒。饲料中毒时，因毒素分布不匀，故不是采食同批饲料的所有动物都会发病，在同等情况下，以膘肥体壮、食欲良好的动物发生较多。另外，在放牧盛期的夏季、秋季发生较多。

【临床症状】 本病的潜伏期与动物种类不同和摄入毒素量多少等有关，一般多为4～20小时，长的可达数天。

患病羊表现为神经麻痹，由头部开始，迅速向后发展，直至四

肢，初见咀嚼、吞咽异常，后则完全不能嚼咽，下颌下垂，舌垂于口外。上眼睑下垂，似睡眠状，瞳孔散大，对外界刺激无反应。波及四肢时步态踉跄，共济失调，甚至卧地不起，头部如产后轻瘫弯于一侧。但反射、体温、意识始终正常，肠音废绝，粪便秘结，有腹痛症状，呼吸极度困难，最后多因呼吸麻痹而死亡。死亡率达70%～100%，轻者尚可恢复。病程长短视食入毒素量而异，最快者数小时内即可死亡。

【防治】 饲喂要精心，不能随意用腐烂变质的草、料、菜等饲料，因为霉烂饲料常能造成本菌的大量繁殖，而产生毒素。因此，不能为节约饲料而因小失大，造成难以挽回的经济损失。在环境管理上要随时清除场内的垃圾，严格死畜的处理，不可乱扔，消毒要彻底。尤其要灭鼠，防止污染水草和谷物饲料。按日粮标准喂给骨粉等钙、磷、食盐和微量元素，满足山羊对多种营养的需要。防止异食癖的出现，以免喝脏水，舔食腐败饲料。发现病羊，尽快确诊，早期静脉或肌内注射多价肉毒梭菌抗毒素血清，成年羊50～80毫升，或注射相应的同型抗毒素单价血清治疗，均有一定效果。尽快进行洗胃、灌肠或灌服速效泻剂，也可静脉输液，减少毒素吸收，排出羊体内的毒素。灌服含1～3克明矾的明矾水溶液，以消毒收敛肠道。使用镇静剂和麻醉剂，静脉注射10%～40%乌洛托品灭菌水溶液，能分解为氨和甲酸，故有抗菌作用，可用于治疗并发的肺炎，且有利尿作用。

73 怎样防治羊弯杆菌病？

羊弯杆菌病原名羊弧菌病，由弯杆菌属中的胎儿弯杆菌诸亚种引起，主要使羊暂时性不育和流产。弯杆菌病是由弯杆菌属细菌引起的人和动物不同疾病的总称。胎儿弯杆菌可引起牛、羊不育与流产；空肠弯杆菌可引起人、马、牛的急性肠炎。

【流行病学】 胎儿弯杆菌对人和动物均有感染性，绵羊感染可引起流产，病菌主要存在于流产胎儿以及胎儿胃内容物中。空肠弯杆菌可引起人和动物的腹泻，也可引起绵羊的流产，病菌主要存在于流产绵羊的胎盘、胎儿胃内容物以及血液和粪便中。正常动物的

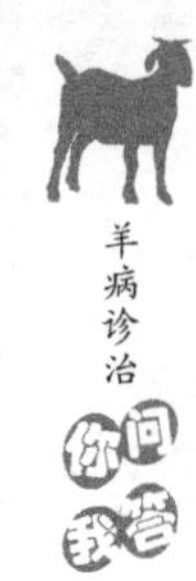

肠道中也有空肠弯杆菌存在。患病羊和带菌动物是传染源，主要经消化道感染。绵羊流产常呈地方性流行，在一个地区或一个羊场流行1～2年或更长一些时间后，可停息1～2年，然后又重新发生流行。

【临床症状】 感染母羊发生阴道卡他性炎症，胎儿弯杆菌常引起牛、羊的不育与流产。黏液分泌增多，黏膜潮红。妊娠期母羊因发生子宫内膜炎和阴道炎而致胚胎早期死亡被吸收或早期流产而不育。病羊发情周期不明显．大多数母羊在感染6个月后才可再次受孕。感染母羊多无先兆症状，常在妊娠以后3个月内发生流产。大多数母羊流产后可迅速恢复，又可正常怀孕。个别羊因子宫炎和腹膜炎而死亡。

【预防】 严格执行兽医卫生防疫措施。产羔季节流产母羊应严格隔离并进行治疗。流产胎儿、胎衣以及污染物要彻底销毁；粪便、垫草等要及时清除并进行无害化处理；流产地点及时消毒除害。染疫羊群中的羊不得出售，以免扩大传染。

本病流行区可用当地分离的菌株制备弯杆菌多价灭活菌苗，对绵羊进行免疫接种，可有效预防流产。国外用多价甲醛菌苗注射母羊，效果良好。

【治疗】 应用多西环素，每天每千克体重20毫克，肌内注射。

74 怎样防治羊快疫？

羊快疫是由腐败梭菌引起的一种急性传染病。羊突然发病，病程极短，其特征为真胃黏膜呈出血性炎性损害。

【流行病学】 腐败梭菌常以芽孢形式分布于低洼草地，耕地及沼泽之中。羊采食被污染的饲料和饮水，芽孢进入羊消化道，多数不发病。在气候骤变，阴雨连绵，秋、冬寒冷季节，引起羊感冒或机体抗病能力下降，腐败梭菌大量繁殖，产生外毒素引起发病死亡。

腐败梭菌通常以芽孢体形式散布于自然界，潮湿低洼的环境可促使羊发病、寒冷、饥饿和抵抗力降低，此时容易诱发本病。该病常呈地方性流行，发病率为10%～20%，病死率为90%。

【临床症状】 羊突然发病，往往未表现出临床症状即倒地死亡，常常在放牧途中或在牧场上死亡，也有早晨发现死在羊圈舍内的。有的病羊离群独居，卧地，不愿意走动，强迫其行走时，则运步无力，运动失调。腹部鼓胀，有疝痛表现。体温有的升高到41.5摄氏度，有的体温正常。发病羊以极度衰竭、昏迷至发病后数分钟或几天内死亡。

【预防】 加强饲养管理，防止羊受寒冷刺激，严禁吃霜冻饲料。

在易发地区每年春、秋两季注射羊7联血清—羊速清（羊小反刍兽疫，羊痘，羊口疮病，羊肠毒血症，羊快疫，羊黑疫，羔羊痢疾）。每年秋冬、初春季节不在潮湿地区放牧。在易发季节，适当补饲精饲料，增加营养，提高抗病能力，不让羊采食冰冻草，防寒，防止感冒。发现可疑病羊，立即上报有关部门，采取隔离消毒，防止疫情扩散。对病程稍长的病例，在防疫措施保护下，给予每只羊160万～240万单位青霉素1次肌内注射，1天2次。

【治疗】 大多数病羊来不及治疗即死亡。对那些病程稍长的病羊，可用青霉素肌内注射，每只羊每次160万～320万单位，每天2次，或内服磺胺嘧啶0.1～0.2克每千克体重，每天2次。

辅助疗法：强心、补液解除代谢性酸中毒。可用含糖盐水500～1000毫升，5%碳酸氢钠100～150毫升，洋地黄毒苷注射液0.006～0.012毫克/千克体重，混合后静脉注射。对可疑病羊全群进行预防性投药，如在饮水中加入恩诺沙星。

75 怎样防治羊肠毒血症？

羊肠毒血症是魏氏梭菌（产气荚膜梭菌D型）在羊肠道内大量繁殖并产生毒素所引起的绵羊急性传染病。该病以发病急、死亡快、死后肾脏多见软化为特征，又称软肾病、类快疫。

【流行病学】 本病发生有明显的季节性和条件性，多发于春末夏初青草萌发和秋季牧草结籽后的一段时期：羊吃了大量的菜叶菜根的时候发病，常见于3～12月龄膘情较好的羊。经消化道而发生内源性感染。牧区以春夏之交抢青时和秋季牧草结籽后的一段时间

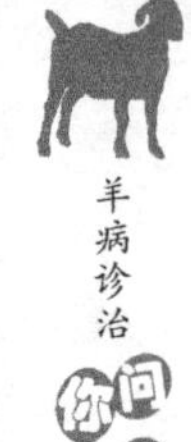

发病为多。农区则多见于收割抢茬季节或食入大量富含蛋白质饲料时。多呈散发流行。

【临床症状】 羊肠毒血症症状可分为2种类型：以抽搐为其特征，在倒毙前四肢出现强烈的划动，肌肉颤搐，眼球转动，磨牙，随后头颈显著抽缩，往往死于发病后的2~4小时内。

以昏迷和静静地死去为其特征，病程不太急，其早期症状为步态不稳，以后卧倒，并有感觉过敏，流涎，上下颌"咯咯"作响，继以昏迷，角膜反射消失，有的病羊发生腹泻，通常在3~4小时内静静地死去，搐搦型和昏迷型在症状上的差别决定于吸收毒素的多少。

【预防】 春夏之际少抢青、抢茬，秋季避免吃过量结籽饲草；发病时搬圈至高燥地区。常发区定期注射羊厌气菌病三联苗或五联苗，大小羊只一律皮下或肌内注射5毫升。发病时，注射羊快疫、猝狙、肠毒血症三联苗。

【治疗】 针对发病的羊用羊血清肌内注射，0.2毫升每千克体重。用20mL蒸馏水稀释头孢噻呋钠0.5g和3~5mg地塞米松，0.1毫升每千克体重分点肌内注射。

76 魏氏梭菌引起的羊猝狙与羊肠毒血症有什么区别？

羊猝狙与羊肠毒血症的区别见表6-2。

表6-2 羊猝狙与羊肠毒血症的区别

类别	羊猝狙	羊肠毒血症
病原	产气荚膜梭菌C型	产气荚膜梭菌D型
流行病学	常见于低洼、沼泽地区。羊猝狙多于冬春季节，常呈地方性流行	多发于春末夏初青草萌发和秋季牧草结籽后，羊吃了大量的菜叶菜根的时候发病，常见于3~12月龄膘情较好的羊
特征病变	以溃疡性肠炎和腹膜炎为特征	肾脏多见软化，"血样肠"为特征

（续）

类别	羊 猝 狙	羊肠毒血症
临床症状	病羊常无症状突然死亡。有时病羊掉群、衰弱、痉挛、眼球突出，在数小时内死亡	以搐搦为其特征，在倒毙前四肢出现强烈的划动，肌肉颤搐，眼球转动，磨牙，随后头颈显著抽缩，往往死于发病后的2～4小时内
预防措施	尽可能避免诱发疾病的因素如饲料突变，切忌多食谷物尤其是初春时不能多喂青草和带有冰雪的饲草。放牧时尽可能选择高坡地，不到低洼地	春夏之际少抢青、抢茬，秋季避免吃过量结籽饲草；发病时搬圈至高燥地区。常发区定期注射羊厌气菌病三联苗或五联苗，大小羊只一律皮下或肌内注射5毫升
治疗措施	首先应用注射羊快疫、猝狙、肠毒血症三联苗进行紧急免疫。可肌内注射青霉素每次80万～160万单位，首次剂量加倍，每天3次，连用3～4天。或内服磺胺脒0.2克/千克体重，第二天减半，连用3～4天。急速转移牧地，少给青饲料，多喂粗饲料	紧急免疫羊快疫、猝狙、肠毒血症三联苗，针对发病的羊用羊血清免疫肽肌内注射，0.2毫升每千克体重；用蒸馏水稀释头孢噻呋钠0.5克和地塞米松分点肌内注射，0.1毫升每千克体重

77 羊黑疫的发病原因及症状有哪些？怎么防治？

羊黑疫又称“传染性坏死性肝炎”，是由B型诺维氏梭菌引起的绵羊、山羊的一种急性高度致死性毒血症。本病以肝实质发生坏死性病灶为特征。引起该病的病原B型诺维氏梭菌在分类上属于梭菌属，为革兰氏阳性的大杆菌。本菌严格厌氧，可形成芽孢，不产生荚膜，具有周身鞭毛，能运动。

诺维氏梭菌广泛存在于自然界，特别是土壤之中，羊采食被芽孢体污染的饲草后，芽孢由胃肠壁经目前尚未阐明的途径进入肝脏。当羊感染肝片吸虫时，肝片吸虫幼虫游走损害肝脏使其氧化—还原电位降低，存在于该处的诺维氏梭菌芽孢即获适宜的条件，迅速生长繁殖，产生毒素，进入血液循环，引起毒血症，导致急性休克而死亡。本病主要发生于低洼、潮湿地区，以春、夏季节多发，发病

常与肝片吸虫的感染侵袭密切相关。

【临床症状】 本病临床表现与羊快疫、羊肠毒血症等疾病极为相似。病程短促，大多数发病羊只表现为突然死亡，临床症状不明显。部分病例可拖延1~2天，病羊放牧时掉群，食欲废绝，精神沉郁，反刍停止，呼吸急促，体温41.5摄氏度，常昏睡俯卧而死。

【预防】

1）流行本病的地区应搞好控制肝片吸虫感染的工作。

2）常发病地区定期接种“羊快疫、肠毒血症、猝击、羔羊痢疾、黑疫五联苗”，每只羊皮下或肌内注射5毫升，注苗后2周产生免疫力，保护期达半年。

3）本病发生、流行时，将羊群移牧于高燥地区。可用抗诺维氏梭菌血清进行早期预防，每只羊皮下或肌内注射10~15毫升，必要时重复1次。

4）病程稍缓的羊只，肌内注射青霉素80万~160万单位，每天2次，连用3天；或者发病早期静脉或肌内注射抗诺维氏梭菌血清50~80毫升，必要时重复用药1次。

【治疗】 羊发病时，对发病羊和羊群注射抗诺维氏梭菌血清每毫升含7500国际单位2~4毫升，配合头孢类抗生素使用，连用1~2天，可收到满意的效果。该病发病急、死亡快，常常来不及治疗，因此，只能以预防为主。另外，羊厌气菌五联苗皮下注射5毫升，控制肝片吸虫，用阿苯哒唑2.5~5毫克/千克体重，内服驱虫。

78 怎样防治B型魏氏梭菌引起的羔羊痢疾？

羔羊痢疾是初生羔羊的一种急性毒血症，俗名红肠子病，以剧烈腹泻和小肠发生溃疡为特征。由于小肠有急性发炎变化，有些放牧员称之为红肠子病。本病多见于7日龄内的羔羊，又以2~5日龄羔羊多发。

【流行病学】 羔羊痢疾的病原体主要是B型魏氏梭菌，有时也可能为C型魏氏梭菌和D型魏氏梭菌。另外，大肠杆菌、沙门氏菌等也可参与致病。本病主要发生于7日龄以内的羔羊，又以2~5日龄的羔羊发病最多。纯种羊和杂交羊均较土种羊易感。本病的诱因主要是母羊怀孕期营养不良，羔羊体质瘦弱；羊舍潮湿，气候寒冷，羔羊受冻；哺乳不当，羔羊饥饱不匀等。一般来说，当羔羊抵抗力减弱时，细菌大量繁殖，均可产生毒素，导致此类疾病产生。羔羊痢疾的流行呈现出一定的规律性，传染途径主要是通过消化道，也可能通过脐带或伤口感染。

【临床症状】 羔羊痢疾的潜伏期为1~2天。病羊精神不振，孤独呆立，卧地不起。有时出现腹痛，继而发生腹泻，粪便呈绿色、黄绿色或灰白色，恶臭。后期排出带有泡沫的血便，里急后重，高度衰竭，迅速死亡。也有病羔腹胀而不下痢，或只排少量稀粪，表现神经症状，四肢瘫软，卧地不起，呼吸急促，口流白沫，最后昏迷，头向后仰，体温降至常温以下，若不加紧救治，于十几小时内死亡。

【预防】 加强饲养管理，做好母羊的夏秋抓膘和冬春保膘工作，保证所产羔羊健壮，乳汁充足，增强羔羊抗病力。

还应计划配种，避免在寒冷季节产羔。

在产羔前对羊舍和用具进行彻底消毒，产羔后脐带要用碘酊严格消毒。

做好预防接种工作。每年秋季可给母羊注射“羊快疫、猝狙、羔羊痢疾、肠毒血症、三联四防灭活苗”或单苗，产前2~3周再接种1次。

可进行药物预防。羔羊生后12小时内，口服土霉素0.15~0.2克，1天1次，连续灌服3天，有一定预防效果。

【治疗】 土霉素0.2~0.3克，或再加等量胃蛋白酶，水调灌服，每天2次。病初可用较大剂量链霉素约20万单位，肌内注射，效果良好。对于发病较慢，排稀粪的病羔，可灌服6%的硫酸镁（内含0.5%的福尔马林）30~60毫升，6~8小时后，再灌服1%的高锰酸钾液10~20毫升。

79 怎样防治放线杆菌病?

羊放线菌病是牛放线菌和林氏放线杆菌引起牛、羊和其他家畜以及人的一种非接触传染的慢性传染病。

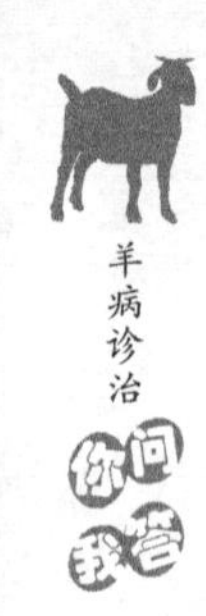

【流行病学】 主要发生在冬春季，以感染羊颜面、下颌、乳房出现肿块，进而化脓、溃烂为特征，多为散发性，病羊食欲下降，皮张、羊毛损坏，生长速度减慢。

【临床症状】 病羊精神沉郁，食欲下降，反刍停止，几乎不吃草料，仅舔食少量的混合精饲料，体温升高不明显。触摸下颌部及面部的脓肿，有波动感且柔软。无热无痛。有的脓肿部被毛脱落，皮肤变薄，之后自然破溃形成瘘管，流出大量脓性分泌物。本病的发生虽然不分品种、性别和年龄，但一般多发生于断奶之后，而且种公羊和繁殖母羊较为多见。

【预防】 注意清除发霉、变质的饲料；注意清除饲料中的尖锐物和芒刺；饲喂质地柔软的饲料或将饲料浸软后饲喂；发现皮肤和黏膜损伤及时进行处理；注意饲槽和饮水的清洁卫生；改善饲养条件，提高营养水平，增强羊的体质和抗病力；发现病羊，及时进行隔离治疗；及时淘汰老、弱、病、残及无治疗价值的羊。

【治疗】 静脉注射10%碘化钠溶液20~25毫升，每周1次，并常给患部涂抹碘酒，直到痊愈为止。因该病侵害的是软组织，故使用静脉注射比较有效。

内服碘化钾，每次1~1.5克，每天3次，直到肿胀完全消失为止。

碘化钾2克溶于1毫升的水中，再与5%的碘酒2毫升混合一次注射于患部。

可给患部周围注射链霉素或盐酸四环素，1天1次，连续5天为一个疗程，若与碘化钾联合应用效果更为显著。

对于较大的脓肿，用手术切开排脓，然后给伤口内塞入碘酒纱布，1~2天更换1次，直至伤口完全愈合。

80 怎样治疗羊气肿疽？

羊气肿疽是由气肿疽梭菌引起羊的急性、高热性、败血性传染病。以组织坏死、产气和水肿为主要特征，又称鸣疽、气肿性炭疽、黑腿病。

【流行病学】 低湿的牧场、洪水所淹的地区，病畜尸体污染的地方、饲料和饮水，均能诱发传染。本菌的疫源地与疾病的流行有直接关系。主要经消化道感染，病菌随着土壤或被芽孢污染的饲料、饮水进入机体，经消化道损伤黏膜侵入组织。也可通过创伤和吸血昆虫的叮咬经皮肤传染。在妊娠母羊分娩、公羊去势或羔羊断尾时多经伤口而感染。本病以散发形式为主，无明显的季节性，但在夏季干旱酷热及吸血昆虫活跃期易发生，在多雨季节和洪水泛滥时多发。

【临床症状】 本病的潜伏期普通为 1 ~ 3 天，间或可以达到 5 天。病的主要症状是皮肤的局部有肿胀。羊发病后，步态僵硬，背部软弱，稍有臌气，体温增高，食欲大减或完全停止，口角流出含有泡沫的唾涎，颈、胸部下方肿胀。肿胀部热而疼痛，其中含有气体，故当用手指触压时，可以听到捻发音；叩诊时，发出轻轻的鼓响音。

【预防】 因该病主要由创伤传染，故必须注意创伤的消毒和治疗。在常发病的区域及其周围，每年春、秋两季必须用气肿疽疫苗进行预防注射。污染的牧场及低湿地区，都不宜放牧羊只。

对病羊尸体应严加深埋，严禁剥皮和吃肉。病羊的圈舍、场地、用具等，必须用3%福尔马林或0.2%升汞溶液进行消毒。对污染的饲料、粪便和垫草等，都应全部烧毁。

【治疗】 在病的初期，皮下或静脉注射抗气肿疽血清，常常可以获得良好效果，剂量为 30 ~ 50 毫升。如果病情严重，可隔 8 ~ 12 小时再注射 1 次。

使用磺胺类药物及抗生素（如青霉素、土霉素）都有相当疗效。若能将抗生素与抗气肿疽血清同时应用，效果更好。

如果没有条件应用上述疗法，可在肿胀部分的周围，皮下或肌肉分点注射1% ~2%高锰酸钾溶液。严禁切开或划破肿胀处。如果肿胀位于腿的中部，可用带子扎紧肿胀部的上方，以免其沿循环途径向上蔓延。

81 羊衣原体病有哪些症状？怎么防治？

羊衣原体病也称羊地方性流产，是由衣原体引起的一种传染病，

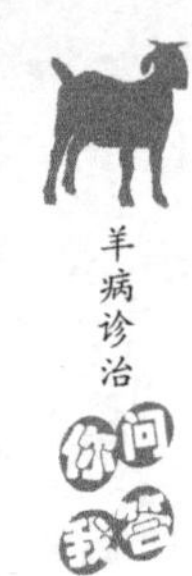

衣原体能使多种动物发病，人也有易感性，衣原体主要感染羊的生殖道上皮细胞，导致公羊发生睾丸炎、尿道炎、龟头和包皮炎，母羊发生流产、死胎和弱胎，此外还能导致结膜炎、多发性关节炎等病。

【流行病学】衣原体宿主范围较广，在家畜中以牛、羊、猪最为易感，但不同年龄的畜禽其临床症状表现不一。羔羊（1~8 月龄）多表现为关节炎、结膜炎，成年母羊多数发生流产。患病动物和带菌者是本病的主要传染源。它们可由粪便、尿、乳汁以及流产的胎儿、胎衣和羊水排出病原体，污染水源、饲料和环境等，然后通过消化道感染健康动物，也可由污染的尘埃和散布于空气中的液滴，经呼吸道和眼结膜感染。患病公羊和健康母羊交配或用患病种公羊的精液人工授精也可造成感染。此外，也有人认为厩蝇、蜱、螨等吸血昆虫叮咬也可能传播本病。本病一般呈散发性或地方性流行。密集饲养、营养缺乏、长途运输或迁徙、寄生虫侵袭等应激因素可促进本病的发生、流行。

【临床症状】 羊感染衣原体后有不同的临诊表现，常见的有以下几种病型。

流产型又叫羊地方流行性流产，羊的潜伏期一般为 50~90 天。临床症状表现为流产、死产和产弱羔。流产多发生于怀孕的最后一个月。分娩后，病羊可排出子宫分泌物达数天之久，胎衣常滞留。有些母羊因继发子宫内膜炎而死亡。流产过的母羊以后不再流产。

结膜炎型主要发生于绵羊，尤其是哺乳羔羊和育肥羔羊易发。病羊的一只眼或双眼均可感染。感染后眼结膜充血、水肿、大量流泪，之后，角膜发生不同程度的混浊、血管翳、糜烂、溃疡和穿孔。一般经 2~4 天后开始愈合。数天后，在瞬膜和眼睑上形成 1~10 毫米的淋巴样滤泡。

关节炎型，又称多发性关节炎，主要发生于羔羊。羔羊病初体温上升至 41~42 摄氏度，食欲丧失，并伴有疼痛，一肢甚至四肢跛行，肢关节触摸时有痛感。随着病情的发展，跛行加重。发病率可达 30%~80%。如果隔离和饲养条件好，病死率低，病程一般为 2~4 周。

【预防】 加强饲养卫生管理，消除各种诱发因素，防止寄生虫侵袭，增强羊群体质。流行本病的地区，用羊流产衣原体灭活苗对母羊和种公羊进行免疫接种，可有效控制羊衣原体病的流行。发生本病时，流产母羊及其所产弱羔应及时隔离。流产胎盘、产出的死羔应予销毁。污染的羊舍、场地等环境用2%氢氧化钠溶液、2%来苏儿溶液等进行彻底消毒。

【治疗】 可肌内注射青霉素，每次80万~160万单位，1天2次，连用3天。也可将四环素族抗生素混于饲料中喂给，连用1~2周。结膜炎患羊可用土霉素软膏点眼治疗。

82 羔羊支原体病有哪些症状？怎么防治？

山羊羔羊支原体病是由支原体引起山羊羔羊发生的一种急性败血性传染病。其发病急、病程短、病死率高。

【流行病学】 本病主要发生于30日龄以内的羔羊，1日龄时即可发病，较大的羊和成年羊呈隐性感染，虽不显症状，但可带菌并可从母羊子宫分泌物和乳汁中排出，成为危险的传染源。人工气管接种10日龄雏鸡，可使部分接种鸡在10天后出现神经症状，15天后死亡。皮下接种该病原的小鼠于4~7天后死亡，死前出现眼结膜炎。本病可通过消化道和呼吸道感染，还可通过带菌母山羊的子宫与乳汁垂直传播给胎儿。本病发生于产羔季节，尤其是产春羔季节（2~3月）。

【临床症状】 病羔精神沉郁，吮乳减少或废绝，后肢软弱甚至不能站立，少数病羔腕关节明显肿大，体温一般正常，少数可升高至41摄氏度，发病后2~3天因极度衰弱而死亡。部分死亡病羔有头颈伸直、后仰、呻吟等表现，死亡率可达67.7%。

【预防】 目前羊支原体病尚无菌苗可供免疫接种。预防措施主要是不从疫区引种，以免传入病原。

【治疗】 发病后应加强饲养管理，隔离消毒，只要有1只羔羊发病，就应立即给怀孕后期的母羊和全部羔羊内服或肌内注射土霉素，剂量按每千克体重20毫克计，每天肌内注射1次，连续注射3~5天，或按每千克体重40~50毫克口服，每天2次，连服3天。

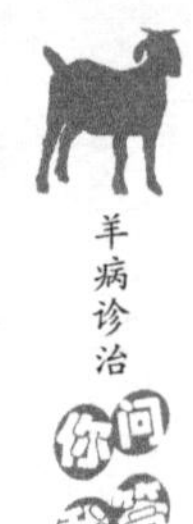

羔羊可补充复合维生素，有预防作用。实验室药敏试验显示，本菌对壮观霉素和多西环素高度敏感，可在临床上使用。

83 奥斯陆莫拉菌感染山羊有哪些症状？

奥斯陆莫拉菌感染山羊引起呼吸系统、泌尿生殖系统等多系统疾病，同时可能导致脑膜炎、心内膜炎、肺炎、腹膜炎、阴道炎、骨髓炎、化脓性关节炎及菌血症等。临床表现为体温升高至40~42摄氏度，出现眼、鼻黏膜变红，发干，流鼻液、咳嗽、喘气等呼吸道症状。

84 怎样防治传染性角膜结膜炎？

羊传染性角膜结膜炎是由多种病原引起羊眼角膜结膜发炎的一种传染病。其特征是传染快，眼结膜和角膜发生炎症，引起畏光、流泪，随后角膜混浊形成云翳，严重时发生角膜混浊甚至溃疡。结膜支原体是家养绵羊与山羊和野生山羊的主要病原体。

【流行病学】 本病只感染山羊，绵羊不感染。其传播快，往往于2天内传遍全群，发病率可达60%~100%。长途运输、羊舍拥挤、通风不良等应激因素及圈舍卫生条件差是发病重要诱因。

【临床症状】 病初，羞光、流泪、眼睑红肿，随之角膜混浊形成云雾状云翳，开始为蓝色，进而发展为蓝白色和乳白色，角膜凸起，呈“大白眼”外观，而且往往全部为双侧感染。病羊失明，无法正常采食和饮水，如果治疗不当可发生角膜溃疡、穿孔，造成永久性失明。

【预防】 加强饲养管理，注意圈舍消毒。

【治疗】 目前尚无特效药物。治疗本病可采用点眼+注射的方法。取地塞米松4~5毫克，2%普鲁卡因1毫升，混合注射于眼睑皮下，或太阳穴或眼球后部，每侧1针；颈部肌内注射毒霉素G钠160万单位。

85 怎么防治山羊皮肤霉菌病？

山羊皮肤霉菌病俗称癣，主要由毛癣菌属及小抱霉菌属中的一

些成员引起的人畜共患性皮肤传染病。

【流行病学】 世界各地的山羊均有发生，主要侵害山羊的毛发、皮肤、蹄等角质化组织，形成癣斑，表现脱毛、脱屑、渗出、痂块及痒感等症状。患此病的山羊皮肤表面受损，使代谢紊乱，体重下降，母山羊泌乳量减少，造成一定的经济损失。这类皮肤霉菌病不仅在山羊和其他动物中广为流行，人和患病动物接触可引起感染发病。

本病一年四季都可发生，但在冬季阴暗潮湿而通风不良的羊舍更有利于本病的发生。一般无年龄和性别差异，幼年山羊较成年山羊易感。山羊营养不良，皮肤和被毛不良，羊群密集，羊舍湿度大等有利于本病传播。

【临床症状】 山羊皮肤真菌病较为少见。主要发生在颈、背、肩等处，但不侵害四肢下端。通常患部皮肤增厚，有灰色的鳞屑，被毛易折断或脱落，也有的表现为单纯的圆形脱屑，只带有少数几根断毛。由于病羊经常擦痒，致使病变有蔓延至其他部位的倾向。患羊不安、摩擦、减食、消瘦以及继发其他疾病而死。

【治疗】 发现病羊应对全群羊只进行逐只检查，集中患羊隔离治疗。患部先剪毛，再用肥皂水或来苏儿洗去痂皮，待干燥后，选用10%水杨酸酒精或油膏涂擦患部；或用3%灰黄霉素软膏、制霉菌素软膏、10%克霉唑等药涂擦患部，每天或隔天1次。污染的羊舍、用具以3%甲醛溶液，加2%氢氧化钠，或0.5%过氧乙酸，或复合碘1:200进行消毒。

86 羊钩端螺旋体病的临床症状及防治措施有哪些?

羊钩端螺旋体病是由致病性钩端螺旋体引起的人畜共患急性传染病。以发热，黄疸，血红蛋白尿，出血性素质，流产，皮肤和黏膜坏死，水肿为特征。

所有家畜、鼠类和人都可感染发病。病原主要由尿中排出，污染周围土壤、水源、饲料等，经消化道或皮肤黏膜引起传染。本病在夏、秋季多见，幼羊较成年羊易感且病情严重，一般呈散发性。

【临床症状】 本病潜伏期为2~20天。病羊通常为隐形感染，

表现为体温升高，呼吸和心跳加快，结膜发黄，黏膜和皮肤坏死，消瘦，黄疸，血尿，迅速衰竭而死，孕羊流产。

【预防】 污染场地、用具等用1%石炭酸和0.1%升汞或0.5%甲醛液消毒。常发地区用钩端螺旋体疫苗或接种本病多价苗接种，从疫区引进羊应隔离观察1个月确认无病后再混群。

【治疗】 链霉素和四环素族抗生素对该病有效。链霉素每千克体重15~25毫克，肌内注射，每天2次，连用3~5天；多西环素按每千克体重10~20毫克，肌内注射，每天1次，连用3~5天。使用大剂量青霉素有一定的疗效。

87 怎样防治羊附红细胞体病？

羊附红细胞体病是一种由羊附红细胞体寄生于人及动物的红细胞表面、血浆及骨髓中引起的一种人畜共患传染病。主要特征为贫血、高热、黄疸、繁殖障碍。主要发生在临产的母羊和断奶的羔羊。

【流行病学】 该病一年四季都可以发生，只是季节不同，发病程度有差异。在动物机体的抵抗力下降，外界环境恶劣，气候闷热潮湿，畜禽舍卫生情况不良，蚊蝇滋生，体外寄生虫严重，饲料营养缺乏，治疗用器械不消毒等因素常能引发该病暴发。

【临床症状】 发病后主要表现是发热、食欲不振、精神抑郁、黏膜黄染、贫血、消瘦、腰背及四肢等末梢处瘀血、淋巴结肿大等，还可出现心悸、呼吸加快、腹泻、繁殖力和毛质下降等。

【治疗】 已显临床症状的羊，进行隔离治疗，采用贝尼尔（血虫净）每千克体重6毫克，深部肌内注射，隔天1次，连用3次。多西环素每千克体重20毫克肌内注射，每天1次，连用3天。右旋糖酐铁注射液5毫升，深部肌内注射。未显临床症状的羊，全部用多西环素每千克体重20毫克，深部肌内注射，隔天1次，连用2次，进行灭源性治疗。

第七章
病毒性疾病

88 羊的主要病毒性疾病有哪些?

羊的病毒性疾病很多，其中危害严重的和常见的有以下几种：羊口蹄疫、羊痘、小反刍兽疫、羊狂犬病、蓝舌病、绵羊肺腺瘤病、绵羊痒病、梅迪-维斯纳病、跳跃病、边界病、绵羊溃疡性皮炎、山羊病毒性关节炎-脑炎、流行性乙型脑炎等。

89 病毒病的综合防治原则是什么?

病毒性疾病的综合防治原则主要坚持以下几点：

（1）坚持“预防为主”的原则 由于现代化动物养殖的密度和数量大，病毒病一旦发生或流行，给生产带来的损失非常惨重，特别是那些传播能力较强的病毒病，发生后可在动物群中迅速蔓延，有时甚至来不及采取相应的措施已经造成了大面积扩散，因此必须重视病毒病“预防为主”的防治原则。同时还应加强畜牧兽医工作人员的业务素质和职业道德教育，使其树立良好的职业道德风尚，改变那种重治轻防的传统兽医防疫模式，使我国的兽医防疫体系沿着健康的轨道发展，尽快与国际社会接轨。

（2）加强和完善兽医防疫法律法规建设 控制和消灭动物传染病的工作关系到国家信誉和人民健康，兽医行政部门要以兽医流行病学和动物传染病学的基本理论为指导，以《中华人民共和国动物防疫法》等法律为依据，根据动物生产的规律，制定和完善动物保健和疫病防治相关的法规条例以规范动物传染病的防治。

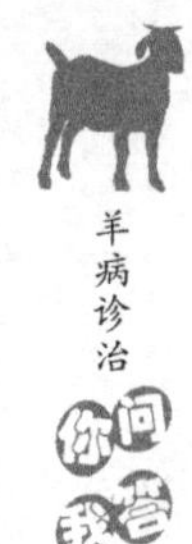

(3) 加强动物传染病的流行病学调查和监测 由于不同传染病在时间、地区及动物群中的分布特征、危害程度和影响流行的因素有一定的差异，因此要制定适合本地区或养殖场的疫病防治计划或措施，必须在对该地区展开流行病学调查和研究的基础上进行。

(4) 突出不同传染病防治工作的主导环节 由于传染病的发生和流行都离不开传染源、传播途径和易感动物群的同时存在及其相互联系，因此任何传染病的控制或消灭都需要针对这个基本环节及其影响因素，采取综合性防治技术和方法。但在实施和执行综合性措施时，必须考虑不同传染病的特点及不同时期、不同地点和动物群的具体情况，突出主要因素和主导措施，即使为同一种疾病，在不同情况下也可能有不同的主导措施，在具体条件下究竟应采取哪些主导措施要根据具体情况而定。

90 怎样防控羊口蹄疫？

口蹄疫是由口蹄疫病毒引起的一种急性、高度传染性的人畜共患传染病。以口腔黏膜、趾间及乳房上发生水疱和烂斑为特征，在民间俗称“口疮”“蹄癀”。病毒具有多型性和变异性，根据抗原的不同，根据血清型可分为O、A、C、亚洲Ⅰ、南非Ⅱ、南非Ⅱ、南非Ⅲ 7个不同的血清型和65个亚型，各型之间均无交叉免疫性。口蹄疫病毒耐低温，不怕干燥，对酚类、酒精、氯仿等不敏感，但对日光、高温、酸碱的敏感性很强。常用的消毒剂有1%～2%的甲醛、4%的碳酸氢钠、1%～2%的氢氧化钠、30%的热草木灰、0.2%～0.5%的过氧乙酸等。

【临床症状】 羊感染口蹄疫病毒后一般经过1～7天的潜伏期出现症状。病羊体温升高，初期体温可达40～41摄氏度，精神沉郁，食欲减退或不食，脉搏加快、呼吸急促。口腔、蹄、乳房等部位出现水疱、溃疡和糜烂。山羊症状多见于口腔，呈弥漫性口黏膜炎，水疱见于硬腭和舌面，蹄部病变较轻。绵羊蹄部症状明显，口黏膜变化较轻。病羊水疱破溃后，体温即明显下降，症状逐渐好转。

【预防】 根据免疫程序对所有的羊按时足量接种口蹄疫疫苗，

常用的口蹄疫疫苗为O型、AsiaI型双价灭活疫苗，根据区域流行病学选择相应的疫苗。发生口蹄疫后的扑灭措施：采取病料送检定型，迅速上报，并通知相邻单位，组织联防机构，划定疫区，进行封锁，就地扑灭。被病羊污染的场地和用具用2%氢氧化钠溶液或10%的生石灰水消毒。病尸不能食用，急宰病羊的肉经煮熟后可于疫区内食用。皮毛可用2%氢氧化钠溶液浸泡消毒，羊的粪便需经发酵后使用。病羊放牧过的场所，夏季经两周，春季经两个月后才能放牧，在最后一只病羊痊愈或死亡后经14天无新病例出现时，经彻底消毒，可解除封锁。

【治疗】 本病不允许治疗，应就地扑杀进行无害化处理。

91 怎样诊断及治疗羊传染性脓疱病？

羊传染性脓疱病又称羊传染性脓疱性皮炎，俗称羊口疮，是由口疮病毒引起的山羊和绵羊的一种急性、接触性传染病，以口唇、舌、鼻、乳房等部位形成丘疹、水疱、脓疱和结成疣状结痂为特征。本病多发于3~6月龄的羔羊，常呈群发性，疫区的成年羊多有一定的抵抗力。

其临床症状可分为三个类型，即唇型、蹄型和外阴型（表7-1），偶见有混合型。

表7-1　羊传染性脓疱病的临床特点

类　型	临床特点
唇型	本病以此型最为常见。病羊首先在口腔、嘴唇或鼻镜上发生散在的小红斑点，继而发展成为水痘或脓疱，脓疱破溃后，形成黄色或棕色的疣状硬痂 严重病例，患部继续发生丘疹、水疱、脓疱、痂垢，并相互融合，波及整个唇部、面部、眼睑和耳郭，形成大面积龟裂和易出血的污秽痂垢，痂垢下常伴有肉芽组织增生，使得整个嘴唇肿大外翻呈桑葚状凸起，严重影响采食，病羊逐渐衰弱死亡 口腔黏膜也常受害，在唇内面、齿龈、颊部、舌及软腭上形成脓疱和溃烂，伴有恶臭味。少数病例可因继发性肺炎而死亡 通过病羔羊的传染，母羊奶头皮肤，也可发生上述病变。继发性感染还可蔓延至喉肺以及第四胃

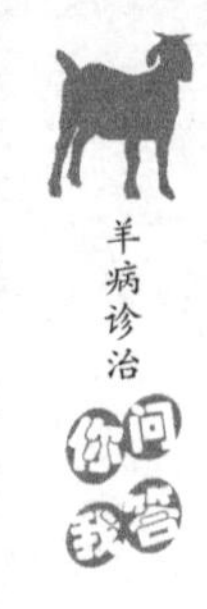

（续）

类　型	临床特点
蹄型	该型多发生于绵羊，山羊极少见。多单独发生，偶有混合型。多见一肢患病，有时也有多肢甚至全部蹄端患病的 常在蹄叉、蹄冠或系部皮肤上形成水疱或脓疱，破裂后形成溃疡 若发生继发感染，则化脓坏死可波及皮基部和蹄骨，病羊跛行，长期卧地。间或还有在肺脏、肝脏和乳房中发生转移性病灶的，严重者因衰弱或败血症而死亡
外阴型	此型少见。患羊阴道出现黏性或脓性分泌物，阴唇和附近的皮肤肿胀、疼痛，出现溃疡；乳房、乳头的皮肤发生脓疱、烂斑和痂垢，还会发生乳房炎。公羊的阴鞘肿胀，阴鞘口和阴茎上发生小脓疱和溃疡。单纯的外阴型很少死亡

【诊断】 本病根据临床症状（口角周围出现丘疹、脓疱、结痂及增生性桑葚状痂垢）及流行情况即可做出诊断。

【处理】 首先将病羊隔离饲养，用消毒液消毒圈舍、场地和环境，每天1次，直至病羊痊愈。其次饲喂病羊的饲料要柔软、易消化、适口性好，并且保证充足的清洁饮水。

用消毒外科剪和镊子去掉病羊痂皮、脓疱皮，用消毒液消毒创面后，将冰硼散粉末（冰片50克、硼砂500克、元明粉500克、朱砂30克，研末，混匀）兑水调成糊状，涂抹患部，隔天涂药1次，治疗7～10天，至患部痂皮或结痂脱落。创面处理除冰硼散外，还可选用2%甲紫（龙胆紫）或3%碘酊甘油（碘3克、碘化钾5克、75%酒精10毫升溶解后加甘油10毫升），或碘松石合剂（碘酊1份、松馏油1份、液状石蜡1份），或磺胺类药物粉剂。如果遇混合感染，要配合磺胺药和抗生素消炎、补液等措施。

92 怎样防控羊痘？

羊痘是由羊痘病毒引起绵羊（山羊少发）的一种急性、热性、接触性传染病。羊痘病毒主要存在于病羊的皮肤、黏膜的丘疹、脓疱、痂皮内及鼻黏膜分泌物中；病羊为本病的传染源，主要通过污染的空气经呼吸道感染，也可以通过损伤的皮肤或黏膜感染。饲养管理人员、护理工具、皮毛产品、饲料、垫草及体外寄生虫都为传染媒介；绵羊中细毛羊比粗毛羊或土种羊易感染，羔羊较成年羊易感，病死率高。羊痘的临床特点见表7-2。

表7-2　羊痘的临床特点

类　型	临床特点
绵羊痘	病羊体温升高达41～42摄氏度，结膜、眼睑红肿，呼吸和脉搏加快，鼻流出黏液，食欲丧失，拱背站立，经1～2天后出现痘疹，痘疹多见于皮肤无毛或少毛处，先出现红斑，后变成丘疹再逐渐形成水疱，最后变成脓疱，脓疱破溃后，若无继发感染逐渐干燥，形成痂皮，经2～3周痊愈。发生在舌和齿龈的痘疹往往形成溃疡。有的羊咽喉、支气管、肺脏和前胃或真胃黏膜上发生痘疹时，病羊因继发细菌或病毒感染，而死于败血症。有的病羊见痘疹内出血，呈黑色痘，还有的病例痘疹发生化脓和坏疽，形成深层溃疡，发出恶臭，常为恶性经过，病死率高达20%～50%
山羊痘	病羊发热，体温升高达40～42摄氏度，精神不振，食欲减退或不食，在尾根、乳房、阴唇、尾内肛门的周围、阴囊及四肢内侧，均可发生痘疹，有时还出现在头部、腹部及背部的毛丛中，痘疹大小不等，呈圆形红色结节、丘疹，迅速形成水疱、脓疱及痂皮，经3～4周痂皮脱落

【预防】 加强饲养管理，羊圈要经常打扫，定期消毒，保持其干燥清洁。抓好秋膘，适当补饲，做好越冬工作。在有羊痘病史的地区，每年定期预防注射羊痘鸡胚化弱毒疫苗。山羊痘在自然情况下较为少见。山羊痘仅感染山羊，同群绵羊不受传染。山羊痘的预防可用山羊痘弱毒疫苗，皮下接种0.5～1.0毫升，安全有效，保护期可达1年。

【治疗】 对本病的治疗目前尚无特效药，主要是做好预防工作，发病时对症治疗。发生本病时，首先应立即隔离病羊，严格消毒羊圈及用具；对尚未发病的羊，用羊痘鸡胚弱毒苗进行紧急注射。对病羊的皮肤病变酌情进行对症治疗，如用0.1%高锰酸钾清洗患处后，涂碘甘油、紫药水。对细毛羊、羔羊，为防止继发感染，可肌内注射青霉素，每天1～2次。或肌内注射10%磺胺嘧啶，每天1～3

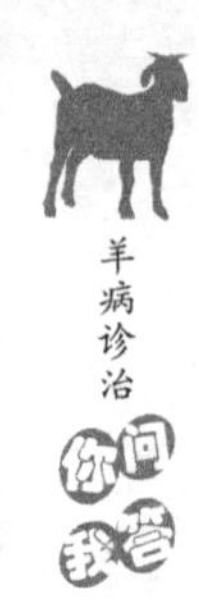

次。病情严重者可用免疫血清治疗，大羊为10～20毫升，小羊为5～10毫升，皮下注射，预防剂量减半。

93 怎样鉴别诊断羊痘和羊传染性脓疱病？

羊痘和羊传染性脓疱病都是病毒性疾病，二者的主要区别在于：羊传染性脓疱多发于春、秋两季，主要感染3～6月龄的羔羊，且全身症状不明显，病羊一般无体温反应，病变多发生于唇部及口腔(蹄型和外阴型病例少见)，很少波及躯体部皮肤，痂垢下肉芽组织增生明显；而发生羊痘的病羊皮肤、黏膜、无毛或少毛部位如眼周围、唇、鼻、颊、四肢内侧、尾内面、阴唇、乳房、阴囊以及包皮上均多发痘疹，体温升高达41～42摄氏度，且山羊、绵羊互不传染。

94 怎样防控羊狂犬病？

狂犬病俗称“疯狗病”，又名“恐水症”，以犬类最为易感。羊如果被带有狂犬病病毒的犬咬伤就有可能感染而发病。羊狂犬病是由狂犬病病毒引起的一种人畜共患的急性接触性传染病，该病以神经调节高度障碍为特征，表现为羊狂躁不安和意识紊乱，最终发生麻痹而死。

【预防】 消灭传染源，扑杀疯狗、野狗和没有免疫的狗。接种狂犬病疫苗。

【治疗】 羊被怀疑有狂犬病的动物咬伤时，应及时用清水或肥皂水冲洗伤口，再用3%的碘酒处理伤口，并立即接种狂犬病疫苗；有条件时也可用免疫血清进行治疗。对被有狂犬病动物咬伤的羊一般应予以扑杀，以免危害人和其他动物。

95 怎样防控小反刍兽疫？

小反刍兽疫是山羊和绵羊的一种急性或亚急性病毒性传染病，主要以发热、口腔炎、结膜炎、胃肠炎和肺炎为临床症状。1942年，该病首次报道是在西非象牙海岸暴发，并命名为小反刍兽疫。2002年，世界卫生组织将其列为A类动物疫病。近年来，我国多地报道

了该病的发生。

本病病原的主要增殖宿主是山羊和绵羊；病羊的眼、鼻、口腔分泌物、粪便和尿液为主要的传染源。该病还能通过野生动物感染传播。病毒主要通过口、鼻等途径感染易感动物，而引起发病。

该病的发生与季节无关，全年均能发生，流行周期一般是3年。母源抗体可以保护4~5月龄以内的幼龄动物，母源抗体消失后容易感染。

小反刍兽疫以急性发病为主，潜伏期为3~6天；动物出现迟钝，发热，眼和鼻出现水样分泌物，后期这些分泌物会发展为卡他性黏液脓性渗出物，引起上呼吸道堵塞，发生呼吸困难。黏膜充血严重，口腔出现糜烂性溃疡，口腔内严重坏死的病灶，使得病羊呼出气体带有臭味。幼龄羊常出现水样腹泻，也有病羊发生轻度腹泻的。

【诊断】 主要根据临床症状和流行病学进行初步诊断，病例确诊需由中国动物卫生与流行病学中心国家外来动物疫病诊断中心实验室进行。

【预防】 采用消毒措施控制该病很困难，有效的方法是免疫易感动物。新疆天康畜牧生物技术股份有限公司生产的小反刍兽疫活疫苗，免疫保护期为1~3年；1月龄以上的羊进行全面免疫后，每年春、秋两季对未免疫的新生羊进行补免，对免疫期满3年的羊再免疫一次。

发生小反刍兽疫后的扑灭措施：动物检疫，扑杀、尸体及污染物的消毒处理。对新发现的疫区建议扑杀所有的易感动物。疫区动物流动要进行严格控制。在最后一只病羊痊愈或死亡后经30天无新病例出现时，经彻底消毒，可解除封锁。

【治疗】 本病不允许治疗，应就地扑杀进行无害化处理。

96 怎样防控羊蓝舌病？

羊蓝舌病是由蓝舌病病毒引起的主发于绵羊的一种以昆虫为传播媒介的传染病。绵羊易感，不分品种、性别和年龄，特别是1岁左右的绵羊，哺乳期羔羊有一定的抵抗力；山羊的易感性较低，多

为隐性感染。病羊是本病的传染源，病愈绵羊血液能带毒达4个月之久；本病主要通过库蠓传递，绵羊虱蝇也能传播本病；本病也可通过胎盘感染胎儿。本病的发生有严格的季节性，多发生在湿热的夏季和早秋，特别是池塘、河流较多的低洼地区。

【临床症状】 患病羊发热、消瘦，口、鼻和胃黏膜发生溃疡性炎症。病初体温升高达40.5~41.5摄氏度，稽留5~6天；食欲不振，精神委顿，流涎，口唇、面部、耳部、颈部和腹部水肿；口腔连同唇、齿龈、颊、舌黏膜糜烂，致使吞咽困难；鼻腔流出炎性、黏性分泌物，鼻孔周围结痂，引起呼吸困难；有时蹄冠、蹄叶发生炎症，触之敏感，呈不同程度的跛行，甚至膝行或卧地不动；病羊消瘦、衰弱，有的便秘或腹泻，有时下痢带血，早期有白细胞减少症。山羊的症状与绵羊相似，但一般比较轻微。

【预防】 加强海关对畜产品的检疫工作，严禁从有此病的地区和国家引种、冷冻精液和进口羊肉及其制品。非疫区一旦传入本病，应立即采取坚决措施，扑杀发病羊和与其接触过的所有易感动物，并彻底进行消毒处理。放牧时选择高地放牧，不在野外低湿地过夜，以减少感染机会。定期进行药浴、驱虫，控制和消灭本病的媒介昆虫。

【治疗】 当羊场发生本病时，应立即隔离病羊防止交叉感染，并严格消毒羊圈及用具；对尚未发病的羊群，紧急接种疫苗。对本病的治疗目前尚无特效药，加强护理并对症治疗，可加速病羊的康复。先用0.1%的高锰酸钾溶液冲洗口腔，然后再使用1%~3%硫酸铜或1%~2%明矾及碘甘油涂拭糜烂面。对严重病例进行强心和补液；也可结合磺胺药或抗生素类药物注射，以防止继发感染。

97 绵羊梅迪-维斯纳病有哪些症状？如何防治？

梅迪-维斯纳病是由梅迪-维斯纳病毒引起的一种慢性接触性传染病，主要侵袭2~4岁的成年绵羊。

本病可通过吸入了病羊排出的含有病毒的飞沫，与病羊直接接触，经胎盘、乳汁等途径被感染，也可通过污染的饲料、饮水以及牧草经消化道感染，吸血昆虫也能成为传播者。

【临床症状】 本病的特征是潜伏期长，病程缓慢，临床表现分为呼吸道型和神经型两类。

（1）呼吸道型 见于3岁以上的绵羊，其呼吸频率加快，鼻孔扩张，逐渐出现呼吸困难；病程3~6个月，最后缺氧死亡。

（2）神经型 主见于2~3岁羊，早期步态不稳，后肢瘫痪，头部姿势异常和唇部震颤，逐渐发展为瘫痪，最终死亡。

【预防】 无有效的预防疫苗；严格引种，定期检疫，淘汰阳性羊；圈舍和用具彻底消毒。

【治疗】 尚无有效的治疗方法。

98 怎样防治绵羊肺腺瘤病？

绵羊肺腺瘤病又名“绵羊肺癌”或“驱赶病”，是由绵羊肺腺瘤病病毒引起成年绵羊的一种慢性、接触传染性肺脏肿瘤病。本病以潜伏期长，肺泡和支气管上皮进行性腺瘤样增生，病羊消瘦、咳嗽、呼吸困难为特征。

【防治】 本病目前尚无有效疗法，也无特异性预防的免疫制剂。因此，预防工作极为重要，坚决不从疫区引进种羊，在引进种羊时严格检疫，一旦发现该病，难以清除，须全群淘汰才能清除病原。

99 绵羊痒病有哪些症状？如何控制？

绵羊痒病又称慢性传染性脑炎，又名“驴跑病”“瘙痒病”或“震颤病”，是由痒病朊病毒引起的成年绵羊的一种缓慢退行性中枢神经系统性疾病。不同品种、性别的羊均可发生痒病，主要是2~5岁绵羊易感，易感性存在着明显品种间差异。

【流行特点】 本病通常呈散发性流行，感染羊群内只有少数羊发病，传播缓慢。羊群一旦感染痒病，很难根除。病羊和带毒羊是本病的传染源，目前认为主要是接触性传染，已经证明可以通过先天性传染，由公羊或母羊传给后代。本病虽然发病率低（约10%左右），但病畜可能全部死亡。人可以因接触病羊或食用带感染痒病因子的肉品而感染本病。

【临床特征】 潜伏期长、剧痒、肌肉震颤、衰弱，进行性运动

失调，最后瘫痪死亡。病初羊食欲良好，体温正常，易惊吓、不安或凝视、磨牙，有时表现癫痫状。最特殊的症状是瘙痒；病羊在硬物体上摩擦身体，并用后蹄挠痒。有时还会出现大小便失禁。随着瘙痒的加剧，进食和反刍受到破坏。随着神经症状的加重，行动逐渐不协调，当走动时，病羊四肢高抬，步伐很快，表现为共济失调，日渐消瘦，几乎100%死亡。

【控制措施】 羊群感染本病后，很难清除，若发现本病病羊，应坚决扑杀，接触过本病的羊群应予以封锁，不准调动，隔离观察1~5年。

> 【提示】 痒病的危害不仅是羊群死亡淘汰损失，更重要的是失去了活羊、羊精液、羊胚胎以及相关产品的市场，对养羊业危害极大。山羊偶见发生本病。

100 我国目前有边界病吗？它是引起绵羊繁殖障碍的原因之一吗？

我国尚未发现有边界病；边界病是引起绵羊繁殖障碍的原因之一。

边界病又称羔羊被毛颤抖病，是绵羊羔的一种传染病，能引起胎儿和新生羔死亡或产出病羔，病羔因中枢神经系统髓鞘质生成缺陷，呈现肌肉震颤等神经症状。细毛羊病羔被毛里出现大量粗毛，有严重色素沉着。成年后的病羔在好几年内，对其后代仍保持感染性，但母体本身无症状。该病水平传播源为感染羊的皮肤和肾脏中存在的病毒；垂直传播的来源为子宫、卵巢或睾丸生殖细胞中存在的病毒。该病发病率低，通常在产羔期出现病情，流产可发生于妊娠的任何时期。母羊感染后发生急性局灶性坏死性胎盘炎，部分新生羔羊个体小、体重轻，被毛粗乱，生长过多过长，毛色异常；有的病羔出现头颈不自主性的肌肉震颤，有时后肢或全身颤抖。由于被毛粗乱，走路时表现摇摆，故也称“粗毛摇摆病”。病羔多在断奶前死亡，少数存活羔羊的神经症状于3~4个月内逐渐减轻或消失。

101 山羊病毒性关节炎-脑炎仅感染山羊吗？它有哪些传播途径？

山羊病毒性关节炎-脑炎是由山羊关节炎-脑炎病毒引起的山羊的一种慢性病毒性传染病。临床上以成年山羊发生慢性多发性关节炎、羔羊发生脑脊髓炎症状为特征。本病感染率高，潜伏期长，感染山羊终生带毒，没有特异性的治疗方法，最终死亡，对畜群的生产性能影响极大，可造成严重的经济损失。

患病山羊和隐性带毒羊是本病的主要传染源，山羊是本病的易感动物。在自然条件下，只在山羊间互相传染发病，绵羊不感染，无年龄、性别、品系间的差异。本病的主要传播方式为水平传播，子宫内感染偶尔发生。感染途径以消化道为主。病毒经乳汁感染羔羊，被污染的饲草、饲料、饮水等可成为传播媒介。群内水平传播半数以上需相互接触12个月以上，一小部分2个月内也能发生。不排除呼吸道感染和医疗器械接触传播本病的可能性。目前还没有从公羊的精液中检测到该病病原的报道，感染的公羊与未感染的母羊交配而发生传染的可能性不大。感染本病的羊只，在良好的饲养管理条件下，常不出现症状或症状不明显，一旦改变饲养管理条件、环境或长途运输等应激因素的刺激，则会发病。

【防治】 本病尚无有效疗法和疫苗。主要以加强饲养管理和防疫卫生工作为主。执行定期检疫，及时淘汰血清学反应阳性羊。引入羊只实行严格检疫，特别是引进国外品种，除执行严格的检疫制度外，入境后还要单独隔离观察，定期复查，确认健康后，才能转入正常饲养繁殖或投入使用。在无病地区还应提倡自繁自养，严防本病由外地带入。

102 羊能感染流行性乙型脑炎病毒吗？怎么防治？

羊乙型脑炎又名羊的日本脑炎，简称乙脑，是由乙型脑炎病毒引起的急性人畜共患传染病。

乙脑是自然疫源性疾病，许多动物和人感染后都可成为本病的传染源。本病的传播方式为哺乳动物传播蚊，蚊又传播哺乳动物；

因此，蚊是主要的传播媒介。人、马、骡、牛、羊、猪、鹿、鸡和野鸟都具有易感性，幼龄动物更易感。

【临床症状】 山羊能够感染乙脑，临床表现为发热，头颈部、躯干、四肢依次出现麻痹，视力和听力减退或消失，嘴唇麻痹，流涎，咬肌痉挛，牙关紧闭，角弓反张，四肢关节伸屈困难，步态蹒跚，发病后约5天死亡。

【预防】 消灭传播媒介蚊虫是预防该病的重要措施。夏季用药物灭蚊，冬季消灭越冬蚊。

免疫接种，在蚊虫活跃前1个月，用乙型脑炎弱毒疫苗进行预防接种。

【治疗】 对症治疗，主要是降低颅内压，强心解毒，防止并发症；中药可用石膏汤和双花汤加减。

第八章 寄生虫病

103 寄生虫病防治的主要原则是什么？

寄生虫病的防治，必须采取综合性防治措施，贯彻“预防为主”“防重于治”的方针，同时还须根据当地寄生虫病的流行情况以及在当地进行寄生虫区系调查的基础上，制定出切实可行的防治措施，其内容包括以下几个方面。

1）驱除体内、体表寄生虫。

2）杀灭外界环境寄生虫。

3）切断寄生虫传播途径。

4）提高本体自身抵抗力。

5）预防免疫。

104 在寄生虫防控方面常用药物有哪些？

寄生虫防控常用的药物有盐酸噻咪唑、阿苯达唑、盐酸左旋咪唑、硫苯咪唑、甲苯达唑、精制敌百虫、吡喹酮、氯硝柳胺、硫氯酚、硝氯酚、阿维菌素、伊维菌素、二氯苯醚菊酯等。在使用时可根据感染的种类和程度选用相应的药物。

105 寄生在羊肝胆的片形吸虫（肝片和大片）怎样治疗？

片形吸虫病主要有肝片吸虫和大片吸虫，是牛、羊的主要寄生虫之一，其寄生部位主要在肝脏胆总管中，能引起慢性或急性肝炎和胆管炎，同时伴发全身性中毒现象及营养障碍。

【预防】 本病必须采取综合性防治措施，只有这样才能取得较好的效果。

（1）定期驱虫 在本病流行地区每年应结合当地具体情况进行1～2次驱虫，一般可选择在春、秋两季进行。

（2）粪便发酵处理 对畜粪及时清理堆积发酵，杀死虫卵，驱虫后排出的粪便尤应严格处理。

（3）饮水及饲草卫生 尽量不在有椎实螺滋生的地方放牧，以防感染囊蚴。饮用水最好使用自来水、井水或流动的河水。

（4）消灭中间宿主 可结合水土改造破坏椎实螺的生活条件。沼泽地区可施用硫酸铜溶液（1∶50000）或以20%的氯水灭螺。此外，还可辅以生物灭螺，如养鸭和其他水禽等。

【治疗】 羊群发生本病后，可选用以下配方进行用药治疗。

1）碘醚柳胺：每千克体重7.5毫克，灌服，对成虫和6～12周未成熟的肝片吸虫均有效。

2）溴酚磷：每千克体重16毫克，一次口服，对成虫和幼虫均有很高疗效。

3）硝氯酚：每千克体重4～5毫克，一次口服，驱成虫有高疗效。

4）三氯苯唑：每千克体重10毫克，一次口服，对发育各阶段的肝片吸虫均有效。

5）阿苯达唑：每千克体重15～25毫克，一次口服。

6）硫氯酚：每千克体重80～100毫克，灌服，对驱成虫有效。

7）克洛素隆：每千克体重7毫克，口服给药，对潜伏性肝片吸虫感染疗效极高。

8）克洛素隆和伊维菌素协同用药：克洛素隆按每千克体重2毫克，伊维菌素每千克体重0.2毫克，一次皮下注射。

9）硝碘酚腈和左旋咪唑联合用药：硝碘酚腈每千克体重14毫克皮下注射＋左旋咪唑每千克体重10毫克口服。

10）硫氯酚和左旋咪唑联合用药：硫氯酚每千克体重100毫克，左旋咪唑每千克体重10毫克，一次口服。

106 危害羊肝胆的歧腔吸虫（双腔吸虫）怎么防治？

因歧腔吸虫（又名双腔吸虫）寄生于羊的胆管和胆囊内而引起疾病，本病的发生具有明显的季节性，一般在夏、秋感染而多在冬、春发病。本病严重感染时见黏膜黄染，逐渐消瘦，水肿和腹泻，最后因恶病质而死亡。

【预防】 与肝片吸虫病相同，应以定期驱虫为主。同时加强羊群的饲养管理，以提高其抵抗力。注意消灭中间宿主蜗牛，阻断病原传播途径，消灭传染源。粪便也应进行堆肥发酵处理，以杀灭虫卵。

【治疗】

1）三氯苯丙酰嗪，绵羊每千克体重50～80毫克，山羊每千克体重20～100毫克，配成2%悬浮液，一次灌服。

2）阿苯达唑：每千克体重30～40毫克，一次灌服。

3）六氯对二甲苯：每千克体重200～400毫克，一次灌服。

4）吡喹酮：每千克体重60～80毫克，一次灌服。

5）噻苯达唑：每千克体重150～200毫克，一次灌服。

6）硝氯酚：每千克体重4～8毫克，一次灌服。

107 怎样治疗和预防前后盘吸虫？

前后盘吸虫病是由前后盘科的各属吸虫寄生而引起的寄生虫病。成虫主要寄生于牛、羊等多种反刍兽的瘤胃壁上，有时在网胃、瓣胃、胆管等处也可发现，一般危害较轻。而幼虫阶段，则因在发育过程中移行于真胃、小肠、胆管、胆囊，可造成较严重的疾病，甚至死亡。本病的中间宿主是淡水的扁卷螺。

【预防】 参照肝片吸虫病，并根据当地的具体情况和条件，制定以定期驱虫为主的预防措施。

【治疗】

1）硫氯酚：驱成虫疗效显著，驱幼虫也有较好的效果。每千克体重80～100毫克，口服。

2）氯硝柳胺：对驱除幼虫效果良好，每千克体重75～80毫克，口服。

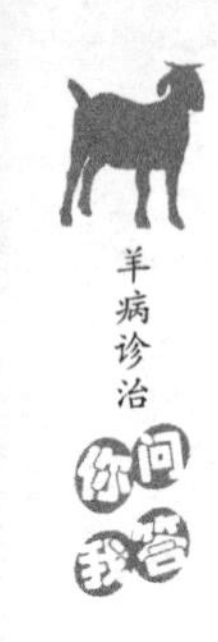

3）溴羟替苯胺：驱成虫、幼虫均有较好的疗效。每千克体重65毫克，制成悬浮液，灌服。

108 羊的血吸虫主要寄生在羊的哪些部位？怎么防治？

血吸虫寄生在门静脉、肠系膜静脉和盆腔静脉内，引起腹泻、贫血、消瘦及营养障碍等疾患。分体属的吸虫寄生于人、绵羊、山羊、水牛、黄牛、猪、马属动物、犬、猫、家兔和30多种野生动物，是危害十分严重的人畜共患寄生虫病。

【预防】 该病危害严重，宿主范围广泛且生活史复杂，综合防治已成为一项十分浩大的系统工程。

（1）定期驱虫 及时对人、畜进行驱虫，适时淘汰病畜。

（2）消灭中间宿主 结合水土改造工程或用灭螺药物杀灭中间宿主，阻断血吸虫的发育途径。

（3）粪便管理 在疫区内可以将人、畜粪便进行堆肥发酵和制造沼气，既可增加肥效，又可杀灭虫卵。

（4）用水管理 选择无螺水源，实行专塘用水或用井水，以杜绝尾蚴的感染。

（5）安全放牧 全面合理规划草场建设，逐步实行划区轮牧；夏季防止家畜涉水，避免感染尾蚴。

【治疗】

1）硝硫氰胺：每千克体重4毫克，配成2%～3%水悬液，颈静脉注射。本药的副作用较大。

2）吡喹酮：每千克体重30～80毫克，一次口服。或以20毫克每千克体重分点肌内注射。

3）敌百虫：绵羊以每千克体重70～100毫克，山羊以每千克体重50～70毫克，灌服。

4）六氯对二甲苯（血防846）：每千克体重200～300毫克，灌服。

109 有哪些血吸虫是人畜共患的？

世界上共有埃及血吸虫、曼氏血吸虫、日本血吸虫、间插血吸虫、湄公血吸虫5种人畜共患的血吸虫。

110 羊阔盘吸虫寄生在哪个部位？怎么治疗？

引起羊阔盘吸虫病的病原体共有3种：胰阔盘吸虫、腔阔盘吸虫和枝睾阔盘吸虫，常见种为胰阔盘吸虫。胰阔盘吸虫寄生于宿主的胰管中，引起贫血和营养障碍性疾病。此外，病原偶可寄生于胆管和十二指肠。本病除发生于牛、羊等反刍动物外，还可感染猪、兔、猴和人等。羊患此病后，可表现下痢、贫血、消瘦和水肿等症状，严重时可引起死亡。病死羊胰腺肿大，胰管因高度扩张呈黑色蚯蚓状突出于胰脏表面。胰管发炎肥厚，管腔黏膜不平，呈乳头状小结节凸起，并有点状出血，内含大量虫体。慢性感染则因结缔组织增生而导致整个胰脏硬化、萎缩，胰管内仍有数量不等的虫体寄生。

【预防】 治疗患羊，消灭病源。疫区应在每年初冬和早春各进行一次预防性驱虫；划区放牧，以避免感染；注意消灭其第一中间宿主蜗牛（其第二中间宿主草螽斯在牧场广泛存在，扑灭甚为困难），切断其生活链；同时加强饲养管理，以增加畜体的抗病能力。

【治疗】

1）六氯对二甲苯：每千克体重400毫克，口服每次间隔2天，连用3次。

2）吡喹酮：口服，每千克体重65～80毫克；肌内注射，每千克体重50毫克；腹腔注射，每千克体重50毫克，并以液状石蜡或植物油（灭菌）制成20%油剂。腹腔注射时应防止注入肝脏或肾脂肪囊内，引起药物滞留或羊只出血死亡。

111 羊包虫病有哪些症状？如何治疗？

羊包虫病是由绦虫纲带科的棘球属和多头属感染引起的疾病。棘球属的棘球蚴病也称包虫病，多头属的多头蚴病叫脑多头蚴病或脑包虫病。本病是一种严重的人畜共患寄生虫病。

（一）脑包虫病

脑多头蚴寄生在绵羊、山羊的脑、脊髓内，引起脑炎、脑膜炎及一系列神经症状（周期性转圈运动）甚至死亡的严重寄生虫病。

多头蚴还可危害黄牛、牦牛、猪、马甚至人类。成虫则寄生于犬、狼、狐、豺等肉食兽的小肠。该病多见于犬活动频繁的地方。

【临床症状】 由于寄生虫结构有异，寄生部位也明显不同，所以它们会有不同的发病症状。本病呈急性型或慢性型。症状表现取决于寄生部位和病原体的大小。

(1) 急性型 以羔羊表现最为明显。感染之初，由于六钩蚴进入脑组织，虫体在脑膜和脑组织中移行、刺激和损伤，造成脑部炎症，使体温升高，脉搏、呼吸加快，甚至有强烈的兴奋，患羊做回旋运动，前冲或后退，有痉挛性抽搐等。有时沉郁，长时间躺卧，脱离畜群。部分病羊在5~7天内因急性脑膜炎死亡，耐过羊则转为慢性型。

(2) 慢性型 患羊耐过急性期后，症状表现逐渐消失，经2~6个月的缓和期，由于多头蚴不断发育长大，再次出现明显症状。当多头蚴寄生在脑部不同部位和脊髓时，表现的临床症状见表8-1。

表8-1 脑包虫病临床症状

寄生部位	临床症状
大脑某半球	表现出同侧做转圈运动，对侧的视力障碍，甚至失明
大脑正前部	常见羊头下垂向前做直线运动，碰到障碍物时则头抵物体呆立不动
大脑后部	表现为头高举或做后退运动，甚至倒地不起，并常有强直性痉挛出现
小脑	病羊站立或运动常失去平衡，共济失调，易跌倒，对外界干扰和音响易惊恐
脊髓	表现步伐不稳，进而引起后肢麻痹。当膀胱括约肌发生麻痹时，则出现尿失禁

此外，患羊还表现食欲减退，甚至消失。由于不能正常采食和休息，体重逐渐减轻，显著消瘦、衰弱，常在数次发作后或陷于恶病质而死亡。急性死亡的羊常见有脑膜炎和脑炎病变。慢性期的病例则可在脑或脊髓的不同部位发现1只或数只大小不等的囊状多头蚴。在病变或虫体相接的颅骨处，骨质松软、变薄，甚至穿孔，致

使皮肤向表面隆起。病灶周围脑组织或较远部位发炎，有时可见萎缩变性或钙化的多头蚴。

【预防】 防止犬等肉食兽食入带多头蚴的脑、脊髓，对患畜的脑和脊髓应烧毁或深埋处理。对牧羊犬和家犬应用吡喹酮（每千克体重5~10毫克，一次内服）或氢溴酸槟榔碱（每千克体重1.5~2毫克，一次内服）定期驱虫，严防家犬吃到含脑包虫的羊、牛等动物的脑和脊髓。对野犬、豺、狼、狐狸等终末宿主应予以扑杀。

【治疗】 对早期病例可试用吡喹酮治疗，每天每千克体重50毫克，内服，连用5天为一个疗程。阿苯达唑每天每千克体重30毫克，每天一次灌服，3天为一个疗程。对晚期病例可采取手术摘除。方法是：定位后，局部剃毛、消毒，将皮肤做U形切口，打开术部颅骨，先用注射器吸出囊液，再摘除囊体，然后对伤口做一般外科处理。为防止细菌感染，可于手术后3天内连续注射青霉素。也可不做切口，直接用注射针头从外面刺入囊内抽出囊液，再注入75%酒精1毫升。

（二）包虫病

由棘球蚴寄生于绵羊、山羊、牛、马、猪、骆驼及人的肝脏、肺脏等脏器组织中所引起的一种严重的人兽共患寄生虫病。成虫以肉食兽为终末宿主，寄生于犬、狼、豺、狐和狮、虎、豹等动物的小肠内。

棘球蚴病轻度感染和感染初期，通常无明显症状；严重感染的羊被毛逆立，时常脱毛，营养不良，消瘦。肺部感染时有明显的咳嗽，病羊往往卧地，不愿起立。剖检病变主要见于虫体经常寄生的肝脏和肺脏，表面凹凸不平，重量增大，有数量不等的棘球蚴囊泡凸起肝脏、肺脏实质中存在有数量不等、大小不一的棘球蚴包囊，囊内含有大量液体，除不育囊外，囊液沉淀后，即可见大量的包囊砂。有时棘球蚴发生钙化和化脓。此外，在脾脏、肾脏、脑、脊椎管、肌肉及皮下，偶可见有棘球蚴寄生。

【预防】 加强兽医卫生检验，对有病的脏器一律深埋或烧毁，严禁用来喂犬和随便丢弃。饲草、饮水防止被犬粪污染。对牧羊犬和家犬至少每个季度进行一次驱虫，常用药物有吡喹酮，每千克体

重5~10毫克，一次内服；或用氢溴酸槟榔碱，每千克体重1~4毫克，一次内服，绝食后12小时给予；盐酸丁奈脒片，犬按每千克体重25~50毫克，绝食后3~4小时投药。并将所排出的粪便烧毁或深埋处理，以防病原扩散。对野犬、狼、狐狸等终末宿主应予以扑杀。

【治疗】 目前对本病尚无十分有效的治疗方法，阿苯达唑被认为是治疗棘球蚴病最有效的药物之一，但临床治愈率仅30%；阿苯达唑，按每千克体重90毫克，连服2次，对原头蚴杀虫率为82%~100%。吡喹酮疗效也较好且无副作用，按每千克体重25~30毫克（总剂量为每千克体重125~150毫克）。比较可靠的方法是手术摘除棘球蚴或切除被寄生的器官，但此方法很少用于家畜的治疗。

112 寄生于小肠的绦虫有哪几种？有哪些症状？该如何防治？

寄生于小肠的绦虫有扩展莫尼茨绦虫、贝氏莫尼茨绦虫、盖氏曲子宫绦虫及中点无卵黄腺绦虫。其中莫尼茨绦虫危害最为严重，特别是感染羔羊时，不仅影响其生长发育，甚至可引起死亡。多种绦虫既可单独感染，也可混合感染。

【临床症状】 患羊症状表现的轻重，通常与感染虫体的强度及体质、年龄等因素密切相关。一般可表现为食欲减退，出现贫血与水肿。羔羊腹泻时，粪中混有虫体节片（呈大米粒样，新排出时常可见蠕动），有时还可见虫体的一端吊在肛门处。患羊被毛粗乱无光，喜躺卧，起立困难，体重迅速减轻。若虫体阻塞肠管时，则出现肠膨胀和腹痛，甚至因肠破裂而死亡。有时患羊也可出现转圈、肌肉痉挛或头向后仰等神经症状。后期，患羊仰头倒地，经常做咀嚼运动，口周围有泡沫，对外界反应几乎丧失，直至全身衰竭而死亡。

患羊死亡后，尸体消瘦、贫血。剖检死羊，可在小肠中发现数量不等的虫体；其寄生处有卡他性炎症，有时可见肠壁扩张、肠套叠乃至肠破裂；肠系膜、肠黏膜、肾脏、脾脏甚至肝脏发生增生性变性过程；肠黏膜、心内膜和心包膜有明显的出血点；脑内可见出血性浸润和出血；腹腔和颅腔贮有渗出液。

【预防】 根据本病的季节动态，在流行区对羊群成虫期前驱虫，经10~15天后再进行第二次驱虫，可防止牧场被污染。避免在雨后、清晨或傍晚放牧，以减少羊食入地螨的机会。有条件的地方，最好实行牛、羊与马属动物轮流放牧。

【治疗】

1）丙硫咪唑（阿苯达唑）：按每千克体重10～16毫克，一次内服。

2）苯硫咪唑（芬苯达唑）：按每千克体重5～10毫克，一次内服。

3）吡喹酮：按每千克体重5～10毫克，一次内服。

4）灭绦灵（氯硝柳胺）：按每千克体重75～100毫克，早晨或空腹时一次灌服。

5）硫氯酚（别丁）：按每千克体重50～70毫克，一次灌服。

6）甲苯达唑：按每千克体重20毫克，一次内服。

7）中草药：野花椒根10克、扁蓄10克、薏苡根10克、大黄粉8克，煎水冲大黄粉，候温灌服，也有较好的疗效。

113 应该怎么防控羊的细颈囊尾蚴病？

细颈囊尾蚴属泡状带绦虫，其幼虫寄生于绵羊、山羊、黄牛、猪等多种家畜的肝脏、浆膜、网膜及肠系膜引起疾病，引起羔羊、仔猪和犊牛的生长发育受阻，体重减轻，当大量感染时，可因肝脏严重受损而导致死亡。其成虫则寄生于犬、狼、狐等肉食动物的小肠内。

【临床症状】 通常成年羊症状表现不显著，羔羊症状明显。当肝脏及腹膜在六钩蚴的作用下发生炎症时，可出现体温升高，精神沉郁，腹水增加，腹壁有压痛，甚至发生死亡。经过上述急性发作后则转为慢性病程，一般表现为消瘦、衰弱和黄疸等症状。

【预防】 含有细颈囊尾蚴的脏器，应进行无害化处理，未经煮熟严禁喂犬；在该病的流行地区，应及时给犬进行驱虫，可选用吡喹酮，每千克体重100毫克，用液状石蜡配制成20%溶液，深部肌内注射，2天后重复注射1次。南瓜子200～300克研磨粉末，加热水与白面混合，空腹喂犬。溴氢酸槟榔碱每千克体重2～3毫克，包在肉馅内一次喂给。做好羊饲料、饮水及圈舍的清洁卫生工作，防

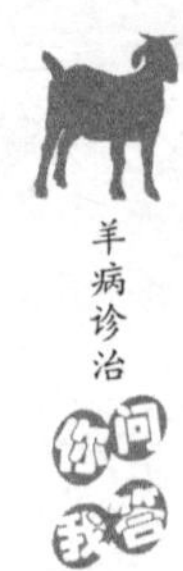

止被犬粪污染。

【治疗】 目前尚无有效方法。有报道阿苯达唑瘤胃控释剂可将羊只寄生虫控制在很低水平上，保证羊只正常的生长发育。

114 羊的各种消化道线虫引起的疾病有哪些基本相似症状？

羊消化道线虫种类很多，主要有捻转血矛线虫、指形长刺线虫、奥斯特线虫、马歇尔线虫、毛圆线虫、细颈线虫、似细颈线虫、古柏线虫、仰口线虫、食道口线虫、夏伯特线虫、毛首线虫。各种消化道线虫往往混合感染，对羊群造成不同程度的危害，是每年春乏季节造成羊死亡的重要原因之一。各种消化道线虫引起疾病的情况大致相似，其中以捻转血矛线虫危害最为严重，常给养羊业带来严重损失。

病羊感染各种消化道线虫的主要症状表现为：消化紊乱，胃肠道发炎，贫血，消瘦，可视黏膜苍白，常出现便秘，粪中带黏液，出现下痢的少见。严重病例下颌间隙和体下部水肿，发育受阻。少数病例体温升高，呼吸、脉搏增加，心音减弱，最终病羊可因身体极度衰竭而死亡。

115 怎样防治羊的肺线虫病？

羊肺线虫寄生在气管、支气管、细支气管乃至肺实质内，引起以支气管炎和肺炎为主要症状的疾病。其中网尾科线虫较大，为大型肺线虫，致病力强，在春乏季节常呈地方性流行，可造成羊群尤其是羔羊大批死亡，羔羊感染大型肺线虫主要表现咳嗽、流鼻涕、打喷嚏，逐渐消瘦、贫血，头胸部和四肢水肿，呼吸困难。原圆科线虫较小，为小型肺线虫，危害相对较轻，主要症状是咳嗽、消瘦、贫血、被毛粗乱无光，严重者喘气，呼吸困难，甚至窒息死亡。

【预防】 在本病流行区，每年春、秋两季（春季在 2 月，秋季在 11 月为宜）进行两次以上计划性驱虫。对粪便进行堆积发酵。羔羊与成年羊分群放牧，有条件的地区，可实行轮牧。避免在低湿沼泽地区放牧。发现病畜或疑似病畜应立即隔离，并进行治疗性驱虫。

【治疗】

1）左旋咪唑：每千克体重 10 毫克，一次内服；或每千克体重 5～6毫克肌内注射或皮下注射。

2）阿苯达唑：每千克体重 5～15 毫克，一次内服。

3）氰乙酰肼：每千克体重 17 毫克，一次内服，连用 3 天；肌内或皮下注射，剂量为每千克体重 15 毫克。

4）乙胺嗪：每千克体重 200 毫克，一次内服。该药适用于对早期幼虫的治疗。

5）阿苯达唑：每千克体重 10 毫克，一次内服，对大型肺线虫有效。

6）硝氯酚；每千克体重 3～4 毫克，一次内服；或每千克体重 2 毫克，皮下注射。

7）阿维菌素：皮下注射，每千克体重 0.2 毫克。

116 怎样防治羊的摆腰病？

羊脑脊髓丝虫病是由寄生于腹腔的指形丝状线虫和唇乳突丝状线虫（又称丝状线虫）的幼虫迷路移行后，寄生于羊的脑或脊髓的硬膜下或实质中而引起的以脑脊髓炎和脑脊髓实质被破坏为特征的疾病。由于病羊腰部无力，走起路来摇摇摆摆，故又称为摆腰病。

【预防】 消灭蚊虫是最有效的预防方法，搞好环境卫生，消灭蚊虫。在蚊虫飞翔季节经常使用灭蚊药物喷洒羊舍或用拟除虫菊酯类药物或松叶等进行烟熏灭蚊。不宜在牛圈附近养羊。在本病流行期使用海群生（枸橼酸乙胺嗪，驱虫药）对羊群每月进行 1 次预防性用药。

【治疗】 应早期发现早期治疗，若出现症状则已晚。

1）乙胺嗪：每千克体重 50 毫克，口服，隔天 1 次，2～4 次为 1 个疗程。

2）阿维菌素：每千克体重 0.2 毫克，一次皮下注射。

117 怎样防治羊梨形虫病？它的传播媒介是什么？

羊梨形虫病是由泰勒科和巴贝斯科的各种梨形虫引起的血液原虫病。其中羊泰勒虫和莫氏巴贝斯虫是使绵羊与山羊致病的主要病

原体；各种梨形虫的传播媒介都是硬蜱，它在吸血时将病原传播，引起血液原虫病。我国羊泰勒虫病的传播者为青海血蜱。幼蜱或若蜱吸食了含有羊泰勒虫的血液，在成蜱阶段传播本病。已证实本病不能经卵传播。本病发生于4~6月，5月为高峰，常造成羊大批死亡，危害严重。半岁内羔羊发病率高，病死率也高；1~2岁羊次之；3~4岁羊很少发病。

【预防】 在本病流行区，于每年发病季节到来之前，对羊群用咪唑苯脲或贝尼尔（血虫净）进行预防注射。贝尼尔以每千克体重3毫克剂量配成7%的溶液，深部肌内注射，每20天一次对预防泰勒虫病有效；也可选用多种杀虫剂或人工进行灭蜱；对新进羊只，应经隔离检疫后再合群饲养。

【治疗】

1）贝尼尔：按每千克体重7毫克配成7%水溶液，做分点深部肌内注射。每天1次，连用3天为1个疗程。

2）咪唑苯脲：每千克体重1.5~2毫克，配成5%~10%水溶液，皮下或肌内注射。

3）磷酸伯氨喹：每千克体重0.75毫克，每天灌服1剂，连服3剂。对泰勒虫病有特效。

4）阿卡普林：每千克体重0.6~1毫克，配成5%水溶液，皮下或肌内注射。48小时后再注射1次。

5）锥蓝素：每千克体重2~4毫克，配成1%水溶液静脉注射，必要时第二天可重复用药1次，对大型羊巴贝斯虫病有效。

118 怎样防治羊的弓形虫病？

弓形虫病是由孢子虫纲的原生动物——龚地弓形虫所引起的一种人兽共患寄生虫病，羊感染本病后，表现肺炎，肝炎，淋巴结炎，神经症状，早产、流产、产死胎及产弱胎，其感染途径包括经口感染、经胎盘感染及通过宿主受损的皮肤、黏膜发生感染。本病的中间宿主范围非常广泛，包括人及猪、绵羊、山羊、黄牛、水牛、马、鹿、兔、犬、猫、鼠等多种哺乳动物，此外，还可感染许多鸟类和一些冷血动物。终末宿主据目前所知仅为猫、豹和猞猁等一些猫科

动物。病原除在中间宿主与终末宿主之间循环传递之外，更为重要的是可在中间宿主范围内相互进行水平传播。因此，本病在全世界广泛存在和流行。羊的弓形虫病不仅直接危害养羊业，而且对整个畜牧业的发展及人类的健康都构成一定的威胁。所以对于本病的防治很有社会意义。

【预防】 做好羊舍卫生工作，定期消毒；养殖场内严禁饲养猫、犬，避免羊只吞食猫、犬的粪便，饲草、饲料和饮水严禁被猫的排泄物污染；对羊的流产胎儿及其他排泄物要进行无害化处理，流产的场地也应严格消毒；死于本病或疑为本病的畜尸，要严格处理，以防污染环境或被猫及其他动物吞食。

【治疗】 对急性病例可应用磺胺类药物，与抗菌增效剂联合使用效果更好，也可考虑使用四环素和螺旋霉素等。上述药物通常不能杀灭包囊内的繁殖子。常用药物如下：

1）磺胺嘧啶 + 甲氧苄啶：前者每千克体重 70 毫克，后者按每千克体重 14 毫克，每天 2 次，口服，连用 3 ~4 天。

2）磺胺甲氧吡嗪（磺胺林）+ 甲氧苄啶：前者为每千克体重 30 毫克，后者为每千克体重 10 毫克，每天 1 次，口服，连用 3 ~4 天。

3）磺胺-6-甲氧嘧啶：每千克体重 60 ~100 毫克；或配合甲氧苄啶，每千克体重 14 毫克，每天 1 次，口服，连用 4 次。可迅速改善临床症状，并有效地阻抑速殖子在体内形成包囊。

119 怎样准确诊断羊球虫病？饱和盐水漂浮法具体的步骤有哪些？

羊球虫病是由艾美科艾美耳属的球虫寄生于羊肠道所引起的一种原虫病，发病羊只呈现下痢、消瘦、贫血、发育不良等症状，严重者导致死亡，主要危害羔羊。本病呈世界性分布。球虫病是山羊常见的一种原虫疾病。1 ~3 月龄的山羊羔发病率和死亡率较高，其特征主要表现为粪不成形或拉稀，食欲下降，生长发育不良，严重时高度贫血，衰竭而死亡。

对羊造成感染的主要是艾美耳属的浮氏艾美耳球虫、阿氏艾美耳球虫、错乱艾美耳球虫和雅氏艾美耳球虫 4 种，其潜伏期为 2 ~3

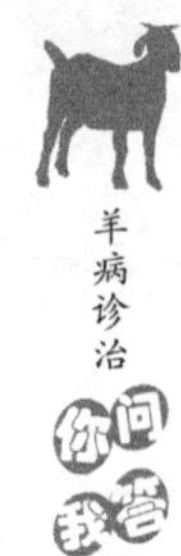

周。临床上可分为三个类型：温和型，表现食欲减退，慢性腹泻，体温上升到40～41摄氏度；急性型，病程为2～7天，病羊排出暗红色血痢或血块，后期表现排便失禁，后躯被毛被粪便污染，有的直肠脱出，病羊精神萎靡，脱水，消瘦，最后衰竭而亡；最急性型，病羊在24小时内死亡，不表现消化道症状。成年山羊多为隐性感染，临床上无异常表现。

根据临床症状和常规粪便检查可对本病做出初步诊断。确诊必须通过剖检，观察到球虫性的病理变化，在病变组织中检查到各发育阶段的虫体。另外，在粪便中只有少量卵囊，羊无任何症状，可能是隐性感染。生前诊断必须查到大量球虫卵囊，并伴有相应的临床症状，只有这样才能诊断为球虫病。常用诊断方法为饱和盐水漂浮法。

饱和盐水漂浮法：取粪便10克，加饱和盐水100毫升，混合，通过60目铜筛过滤，滤入烧杯中，静置半小时，则虫卵上浮，用一个直径为5～10毫米的铁丝圈，与液面平行接触以蘸取表面液膜，并将其抖落于载玻片上检查。

120 羊螨虫病主要发生在哪个季节？怎么预防和治疗？

螨病又叫疥癣，俗称癞病，是指由疥螨科或痒螨科的螨虫寄生在畜禽体表而引起的慢性寄生性皮肤病，具有高度传染性，往往在短期内可引起羊群严重感染，危害十分严重。该病主要发生于冬季和秋末、春初。绵羊痒螨病多发于背、臀部密毛部位，然后波及全身。在羊群中首先应引起注意的是羊毛结成束和体躯下部泥泞不洁，而后看到零散的毛丛悬垂于羊体，好像披着破棉絮样，甚至全身被毛脱光。绵羊疥螨病主要在头部明显，嘴唇周围、口角两侧、鼻孔边缘和耳根下面也有。发病后期病变部位形成坚硬白色胶皮样痂皮。

【预防】 每年定期对羊群进行药浴。对新引进的羊应隔离检查，确定无螨寄生后再混群饲养；圈舍应经常保持干燥、通风，定期清扫和消毒；对患病羊要及时隔离治疗。

【治疗】 治疗方法，可分为涂药疗法、药浴疗法和注射疗法三种，具体方法见表8-2。

表 8-2　羊螨虫病的治疗方法

治疗方法	适用范围	操作措施
涂药疗法	适用于病羊少、患部面积小，特别适合在寒冷季节使用	涂药应分几次进行（每次涂药面积不得超过体表的 1/3）。涂擦药物之前，应先剪毛去痂，可用温肥皂水或 2% 来苏儿彻底洗刷患部，以除去痂皮，然后擦干患部后用药
药浴疗法	适用于病羊数量多及气候温暖的季节，常用于对螨病的预防和治疗	药浴时间应选择在山羊抓绒、绵羊剪毛后5 ~7 天进行。大规模药浴之前应对所选药物做小群完全试验。药液温度保持在 36 ~38摄氏度，并随时补充新药液。药浴时间1 ~2分钟，注意浸泡羊头。药浴前让羊饮足水，以防误饮药液
注射疗法	适用于各种情况的螨病治疗	省时、省力，优于以上各种疗法

常用药物如下：

1）阿维菌素：每千克体重 0.2 毫克，一次皮下注射。市售商品为含 1% 阿维菌素的注射液，则每 50 千克体重，只需注射 1 毫升即可。此外，本品也有粉剂，可供内服或混合渗透剂供外用（浇注），其效果与其他剂型完全一样。

2）双甲脒：按每吨水加入 12.5% 双甲脒乳油 4000 毫升的比例，配成乳油水溶液，对羊药浴或涂擦体表。

3）用于药浴的有机磷制剂有 0.05% 辛硫磷乳液、0.015% ~ 0.02% 巴胺磷水乳液、0.025% 螨净（二嗪农）水乳液、0.5% ~1% 敌百虫水溶液（应慎用）等。用于药浴的拟除虫菊酯类杀虫剂有 0.005% 溴氰菊酯水乳剂、0.006% 氯氰菊酯水乳剂、0.008% ~ 0.02% 杀灭菊酯水乳剂等。

目前市面上大部分药物对螨卵无杀灭作用，无论使用以上何种方法进行治疗，必须重复用药 2 ~3 次，每次间隔 7 ~8 天为宜。

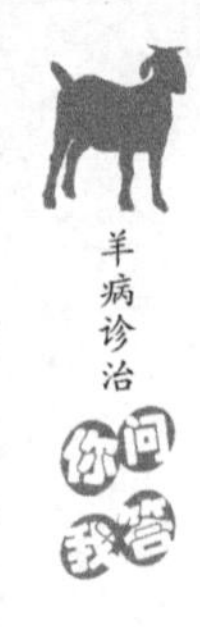

121 硬蜱对羊有危害吗？它和羊虱病是一种病原吗？

硬蜱和虱都是羊的体表寄生虫，且都属于节肢动物门，但它们属于不同的纲，硬蜱属于蜘蛛纲、寄螨目，虱属于昆虫纲、虱目，因此这二者是有差别的，不是同一种病原。硬蜱作为牛、羊的一种主要外寄生虫，一方面可以引起牛、羊不安，蜱瘫等疾病，另一方面又可以传播牛、羊的多种重要疾病。因此，严重威胁着牛、羊业的发展。

硬蜱对羊的危害可分为直接危害和间接危害两种。

（1）直接危害 蜱侵袭羊体后，由于吸血时口器刺入皮肤可造成局部损伤，组织水肿、出血，皮肤肥厚。有的还可继发细菌感染，引起化脓、肿胀和蜂窝织炎等。当幼羊被大量蜱侵袭时，蜱唾液内的毒素进入机体后，破坏造血器官，溶解红细胞，形成恶性贫血，使血液有形成分急剧下降。此外，蜱唾液内的毒素作用有时还可出现神经症状及麻痹，造成“蜱瘫痪”。

（2）间接危害 蜱可传播森林脑炎、莱姆病、布氏杆菌病、炭疽、立克次氏体等多种传染病。蜱也是各种家畜梨形虫病的必需宿主和传播媒介。

122 羊狂蝇蛆对羊能造成什么危害？怎么防治？

羊狂蝇蛆病又称羊鼻蝇蛆病或羊鼻蝇幼虫病，是一种慢性鼻炎及鼻窦炎。本病是由羊鼻蝇的幼虫寄生在羊的鼻腔及附近腔窦内所引起的疾病。羊鼻蝇主要危害绵羊，对山羊危害较轻。病羊表现为精神不安、体质消瘦，甚至发生死亡。

羊鼻蝇幼虫进入羊鼻腔、额窦及鼻窦后，在其移行过程中，由于体表小刺和口前钩损伤黏膜引起鼻炎，可见羊流出多量鼻液，鼻液初为浆液性，后为黏液性和脓性，有时混有血液；当大量鼻液干涸在鼻孔周围形成硬痂时，使羊发生呼吸困难。此外，可见病羊表现烦躁不安，打喷嚏，时常摇头、摩鼻，眼睑浮肿，流泪，食欲减退，日渐消瘦。症状表现可因幼虫在鼻腔内的发育期不同而持续数月。通常感染不久呈急性表现，以后逐渐好转，到幼虫寄生的晚期，

则疾病表现更为剧烈。有时，当个别幼虫进入颅腔损伤了脑膜或因鼻窦发炎而波及脑膜时，可引起神经症状，病羊表现为运动失调，旋转运动，头弯向一侧或发生麻痹；最后病羊食欲废绝，因极度衰竭而死亡。

【防治】 防治本病应以消灭第一期幼虫为主要措施。实施药物防治一般可选在每年的10～11月进行。其方法如下：

1）敌百虫或敌百虫软膏：在成蝇飞翔季节，可用10%敌百虫在羊鼻孔周围涂擦，有驱避成蝇和杀死幼虫的作用。

2）阿维菌素：以每千克体重0.2毫克，一次皮下注射，药效可维持20天。其疗效高，是目前治疗羊鼻蝇蛆病最理想的药物。

3）敌百虫酒精溶液：精制敌百虫60克，溶于31毫升蒸馏水和31毫升95%的酒精内。剂量为每千克体重0.4毫克，一次肌内注射。50千克以上的羊2.5毫升，对一期幼虫驱虫率达100%。

4）敌敌畏：绵羊以每千克体重5毫克配成水乳剂，每天口服1次，连服2天。

5）药液鼻腔内喷射：可用0.1%～0.2%辛硫磷、0.03%～0.04%巴胺磷、0.012%氯氰菊酯水乳液，羊每侧鼻孔各10～15毫升，用注射器分别先后向鼻孔内喷射，两侧喷药间隔时间10～15分钟。对杀灭羊鼻蝇的早期幼虫有效。

6）烟雾法：常用于大群防治，需在密闭的圈舍或帐幕内进行。按室内空间每立方米使用80%敌敌畏0.5～1毫升剂量，加热（放在厚铁板上等）或高压喷雾。令羊在其内，吸雾时间15分钟即可杀死第一期幼虫。

7）氯氰柳氨：每千克体重5毫克口服，或2.5毫克皮下注射，可杀死各期幼虫。

第九章 普通病

123 羊的口炎有哪些症状？应与哪些传染性疾病相区别？怎样治疗？

口炎是羊口腔黏膜表层和深层炎症的总称。原发性口炎多由外伤引起；继发性口炎则多发生于羊患口疮、口蹄疫、羊痘、霉菌性口炎、过敏反应和羔羊营养不良时。口炎分为卡他性口炎、水疱性口炎和溃疡性口炎等。

【临床症状】 临床上以流涎、采食障碍、咀嚼障碍为主要特征。病羊采食、咀嚼缓慢甚至不敢咀嚼，只采食柔软饲料，而拒食粗硬饲料；流涎，口角附着白色泡沫；口腔黏膜潮红、肿胀、疼痛、口温增高等症状；继发细菌感染时有口臭。卡他性口炎，表现为口腔黏膜发红、充血、肿胀、疼痛，特别是唇、齿龈、颊部、腭部黏膜肿胀明显；水疱性口炎，在上下唇内有很多大小不等、充满透明或黄色液体的水疱；溃疡性口炎，黏膜上出现溃疡性病灶，口内恶臭，体温升高。上述各类型可相继和交错出现。原发性口炎应与口蹄疫、羊痘等相区别，此类疾病都有高热及高度传染性，且全身症状明显。患口蹄疫时，除口腔黏膜发生水疱和烂斑外，蹄部和皮肤也有类似病变；患羊痘时除口腔黏膜有典型的痘疹外，在乳房、眼角、头部、腹下皮肤处也有痘疹。

【预防】 主要是加强饲养管理。防止化学、机械及尖锐的异物对口腔的损伤；提高羔羊饲料品质，饲喂富含维生素的柔软饲料；不喂发霉变质的饲料，饲槽应经常使用2%的碱水进行消毒；服用带有刺激性或腐蚀性的药物时，一定按要求使用。

【治疗】 轻度口炎可用0.1%的雷佛奴耳或0.1%高锰酸钾溶液洗涤口腔，也可用20%盐水冲洗；发生糜烂和渗出时用2%的明矾冲洗；口腔黏膜有溃疡时，可用碘甘油、5%碘酊龙胆紫（甲紫）溶液、磺胺软膏、四环素软膏等涂擦患部；如果继发细菌感染，病羊体温升高时，可用青霉素40万~80万单位、链霉素100万单位肌内注射，每天2次，连用3~5天，也可服用或注射磺胺类药物。对于口炎并发肺炎时可用下列中药方以清肺热：花粉、黄芩、栀子、连翘各30克，黄檗、牛蒡子、木通各15克，大黄24克，芒硝60克，将前八种药物共研为末，加入芒硝，开水冲调，10只羔羊分灌。

124 羊的食道阻塞应该怎么治疗？

食管阻塞俗称“草噎”，就是因食道某段被食物或其他异物阻塞所致。该病的主要特征是病羊表现咽下障碍、流涎、瘤胃膨气和痛苦不安。

【治疗】 治疗方法见表9-1。

表9-1 羊的食道阻塞治疗方法

方法	措施
开口取物法	如果堵塞物位于颈部，可用手沿食管轻轻按摩，使其上行，用镊子掏出或用铁丝圈套取。必要时可先注射少量阿托品以消除食道痉挛和逆蠕动，对实行这种方法极为有利
探送法	如果堵塞物位于胸部食管，可先将2%普鲁卡因5毫升和液状石蜡30毫升，用胃管送至阻塞物位置，10分钟后用硬质胃管推送阻塞物进入瘤胃。若不能成功，可先灌入油类，然后插入胃管，手捏住阻塞物上方，在打气加压的同时推动胃管，使哽塞物入胃。但油类不可灌入太多，以免引起吸入性肺炎
手术疗法	在无希望取出或下咽时，需要施行外科手术将其取出。手术时要注意同食管并行的动、静脉管壁的损伤。保定确定手术部位。局部处理与麻醉，按外科手术规程，局部剪毛、消毒，用0.25%的普鲁卡因进行局部浸润麻醉。切开皮肤剥离肌肉，暴露食管壁，距阻塞物前后1.5厘米处的食管用套有细胶管的止血钳夹住，不宜过紧，然后在阻塞部位纵行

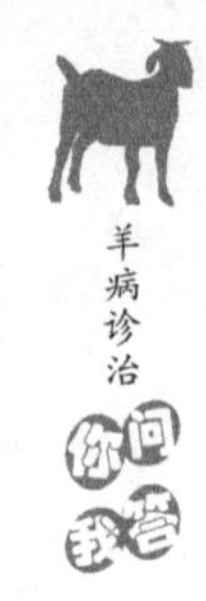

（续）

方法	措施
手术疗法	切开取出阻塞物。取出后用0.1%的雷佛奴耳洗涤消毒，再用生理盐水进行冲洗，缝合黏膜与肌肉层，然后将肌肉与浆膜层内翻缝合，再进行肌肉缝合，最后结节缝合皮肤，为防止污染，涂外伤膏。手术后用青霉素80万单位、阿尼利定（安痛定）10毫升混合一次肌内注射，每天2次，连用5天。维生素C 0.5克，每天1次，肌内注射，连用3天。当天术后禁食1天，防止污染，第二天饮喂小米粥，第三天开始给少量的青干草，直至痊愈
经验疗法	有经验的农、牧民或饲养员，常用一碗冷水猛然倒入羊耳内，使羊突然受惊，肌肉发生收缩，即可将堵塞物咽下
对症疗法	胀气严重时，应及时用粗针头或套管针在瘤胃左侧肷部穿刺放气，防止发生死亡

125 羊前胃弛缓与瘤胃积食在症状上有何差别？治疗上又有什么不同？

前胃弛缓是前胃神经肌肉感受性降低，肌肉收缩力减弱，瘤胃内容物运转迟滞，菌群失调，产生大量发酵和腐败的物质，引起消化障碍，食欲、反刍减退，乃至全身机能紊乱的一种疾病。常发生于山羊，绵羊较少。在冬末春初饲料缺乏时最为常见。

急性症状为食欲减少或渴欲增加，反刍缓慢而次数减少，瘤胃蠕动微弱。若不及时治疗，很有变成慢性的趋势。病羊常有便秘，排泄物色黑而硬；泌乳量显著减少或完全停止。体温及脉搏常无变化。病羊站立时，四肢紧靠身体，低头伸颈，背拱起，常磨牙。以后由于营养不足，常喜卧地。病的末期起立困难，脉搏弱而快，体温稍升高。当胀气显著时，则呼吸困难。长久不愈者，消瘦而贫血，终至死于衰竭。

慢性病的表现是，食欲逐渐减少或反常，但并不完全丧失，常常虚嚼、磨牙、异嗜癖；大多数病羊饮水减少，但也有口渴加强者。反刍不规则或停止，嗳气减少，嗳出的气体有臭味，腹部呈间歇性臌气，触诊前胃部时，感到坚硬，有时还会引起腹痛。病情时而好转，时而恶化，日渐消瘦；被毛干枯、无光泽，皮肤干燥、弹性减退，精神不振，体质虚弱。病羊便秘，粪便干硬、呈暗褐色，附有黏液；有时腹泻，粪便呈糊状，腥臭，或便秘与腹泻交替进行。

瘤胃积食即急性瘤胃扩张，也称瘤胃阻塞，俗称撑死病，是由于瘤胃内积滞过多的饲料，导致胃容积增大，胃壁过度伸张，运动功能障碍的一种疾病。山羊比绵羊多发，年老母羊易发，尤以舍饲情况下最为多见。该病的主要特征是食欲、反刍、嗳气减少或很快废绝，腹围增大，瘤胃坚实，疝痛，瘤胃蠕动极弱或消失。症状表现程度因病因及胃内容物分解毒物吸收的轻重而不同：①腹围增大。瘤胃（羊左侧）上部饱满，中下部向外鼓胀（突出）。②有腹痛症状。如回顾腹部或后肢、提腹、拱背、摇尾、起卧不安，以及粪便中排出未消化的饲料。③食欲废绝、反刍减少或停止，听诊瘤胃蠕动音减弱或消失；触诊瘤胃胀满、坚实，似面团感觉，指压有压痕。④重症可出现流涎，磨牙，呻吟，呼吸浅表、增数，心跳加快，脉搏增数，黏膜深紫红色，但体温正常。⑤由于瘤胃吸收氨过多，使血氨浓度升高，往往出现视力障碍，盲目直行或转圈；有的烦躁不安、头抵墙、撞人或嗜睡、卧地不起；有的因乳酸蓄积，使瘤胃渗透压升高，导致体液由血液转向瘤胃，出现严重脱水和酸中毒、眼球下陷、血液浓缩。

【治疗】

（1）前胃弛缓的治疗　治疗原则是消除病因，加强护理，增强前胃机能，改善瘤胃内环境，缓泻、止酵、防止脱水和自体中毒。

1）病初限制喂量或绝食1~2天。每天按摩瘤胃数次，每次5~10分钟。并给予少量易消化的多汁饲料。

2）当瘤胃内容物过多时，可投服缓泻剂，常可投服液状石蜡100~200毫升或硫酸镁20~30克。

3）20%氯化钠20毫升，生理盐水100毫升，10%氯化钙10毫升，维生素B_1、复合维生素B注射液10毫升混合静脉注射，每天1次，连用3~4次。

4）姜酊30毫升、龙胆酊20毫升、大黄酊20毫升、木别酊15毫升，水加至200毫升分2次，1天灌服。

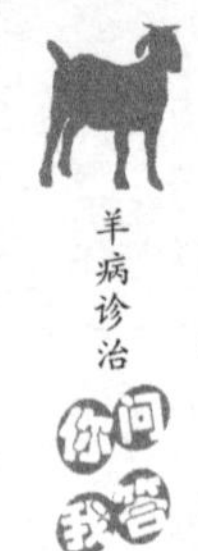

5）胃蛋白酶8克、稀盐酸10毫升、龙胆酊20毫升、木别酊15毫升，水加至200毫升分2次，1天灌服。

6）龙胆末15克、食母生（酵母片）15克、胃蛋白酶8克、维生素B_1 50片混合，分2次，1天灌服。

7）瘤胃pH降低时，用氢氧化镁30～50克，加水一次内服。单纯性消化不良时，可用氢氧化钙（熟石灰）5克、白糖50克，加水500毫升灌服，每天1次，连服3次。

（2）瘤胃积食的治疗 治疗原则是排除瘤胃内容物，恢复胃功能，调整与改善瘤胃内环境，防止脱水与自体中毒。清肠消导，可用硫酸镁（或硫酸钠）50～80克（配成8%～10%的溶液），一次内服或液状石蜡（或植物油）100～200毫升，一次内服。应用泻剂后，可皮下注射毛果芸香碱或新斯的明，以兴奋前胃神经，促进瘤胃内容物运转与排出。酸碱平衡失调时，可用5%碳酸氢钠注射液100毫升，5%葡萄糖生理盐水注射液200毫升静脉注射。止酸中毒继续恶化，可用2%的石灰水洗胃。心脏衰竭时，可用20%安钠咖注射液2毫升、5%维生素注射液8毫升，静脉注射，每天2次，呼吸衰竭时，可肌内注射尼可刹米2毫升。用手或鞋底按摩左肩部，刺激瘤胃蠕动，促进反刍，然后用臭椿树根（去皮）或木棍穿咸菜疙瘩"横衔在嘴里"，两头拴于耳上，并适当牵遛，能促进瘤胃反刍。龙胆酊10毫升、橙皮酊10毫升、木别酊7毫升，水加至200毫升一次灌服，每天2次。龙胆末15克、大黄末15克、人工盐50克、复合维生素B50片、小苏打15克混合，分2次灌服，1天用完。如果有轻度胀气：鱼石脂4克、酒精20毫升、茴香酊10毫升、橙皮酊10毫升，加水至200毫升，1次灌服。

健胃散：陈皮9克、积实9克、积壳6克、神曲9克、厚朴6克、山楂9克、萝卜籽9克水煎，去渣灌服。加味大承气汤：大黄9克、积实6克、厚朴6克、芒硝12克、神曲9克、山楂9克、麦芽6克、陈皮9克、草果6克、槟榔6克水煎，去渣灌服。对危重病例，当使用药物治疗效果不佳，且病畜体况尚好时，应及早施行瘤胃切开术，取出内容物，并用1%温食盐水冲洗。必要时，接种健畜瘤胃液。

二者治疗不同点主要体现在前胃弛缓重点恢复前胃机能，瘤胃积食重点在排出瘤胃内容物。

126 引起羊瘤胃臌气的原因有哪些？怎么治疗？

急性瘤胃臌气，俗称胀死病，是草料在瘤胃发酵，产生大量气体，致使瘤胃体积迅速增大，过度鼓胀并出现嗳气障碍为特征的一种疾病。常发生于春、夏季，绵羊和山羊均可患病。

【病因】 本病可分为原发性瘤胃臌气（泡沫性臌气）和继发性瘤胃臌气（非泡沫性或自由气体性臌气）两种，具体病因见表9-2。

表9-2 瘤胃臌气的病因

分类	病因
原发性瘤胃臌气	主要是吃了大量容易发酵的饲料或品质不良的青贮饲料所致，如开花以前的苜蓿及其他豆科植物、带霜露雨水的牧草，其在瘤胃内迅速发酵，产生大量气体。初春放牧于青草茂盛的牧场，或多食萎干青草，粉碎过细的精饲料，发霉腐败的马铃薯、红萝卜及甘薯类都容易发病；夏季雨后清晨放牧时，易患此病；采食较多粉碎过细的谷物饲料，也非常容易发病。此外，误食某些麻痹胃的毒草，如乌头、毒芹和毛茛等，常可引起中毒性瘤胃臌气
继发性瘤胃臌气	主要是由于前胃机能减弱，嗳气机能障碍所致。多见于前胃弛缓，食道阻塞，麻痹或痉挛，腹膜炎，气哽病，创伤性网胃炎，瘤胃与腹膜粘连，慢性腹膜炎，网胃与膈肌粘连等病。多为慢性瘤胃鼓胀。病情弛张，瘤胃中等鼓胀，时而消长，常为间歇性反复发作。经治疗虽能暂时消除鼓胀，但极易复发。在这种情况下，应全面检查，具体分析，力求确诊原发病

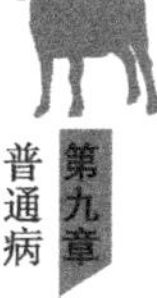

【预防】 加强饲养管理。特别是在由舍饲转为放牧时，最初几天在出牧前先饲喂一些干草后再出牧，并限制放牧时间及采食量；在饲喂易发酵的青绿饲料时，应先饲喂干草，然后再饲喂青绿饲料；尽量少喂堆积发酵或被雨露浸湿的青草；不让羊进入到苕子地、苜蓿地暴食幼嫩多汁植物；不到雨后或有露水、下霜的草地上放牧。应避免饲喂用磨细的谷物制作的饲料，严禁饲喂发霉腐败的饲料。

【治疗】 应以排气减压、止酵防腐、清理胃肠、恢复瘤胃正常功能为治疗原则。

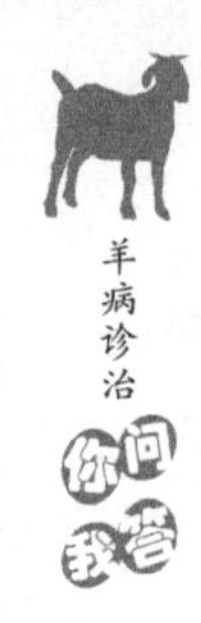

1）膨气严重的病羊要用套管针进行瘤胃放气。

2）膨气不严重的用清油50毫升、草木灰10克，加水500毫升，灌服。

3）促进嗳气，恢复瘤胃功能，其方法是向舌部涂布食盐、黄酱，或将一棵树根衔于口内，促使其呕吐或嗳气。静脉注射10%氯化钠500毫升，内加10%安钠咖20毫升。

127 什么是羊的"百叶干"病？

瓣胃阻塞又称瓣胃秘结，在中兽医称为"百叶干"。

【病因】 主要是由于饲养管理不当，使役过度而运动不足，或长期大量饲喂含粗纤维多的干硬饲料，或饲喂糠麸、糟粕及附着大量泥沙的饲料，加之饮水不足致羊内火旺盛，使瓣胃收缩力量减弱，食物排出不充分，通过瓣胃的食糜积聚充满于瓣叶之间，水分被吸收，内容物变干而致病。

【临床症状】 瓣胃容积增大、坚硬，腹部胀满，不排粪便。病的初期与前胃弛缓症状相似，瘤胃蠕动减弱，瓣胃蠕动消失，可继发瘤胃臌气和瘤胃积食。排粪干少，后期排粪停止。触压病羊右侧7~9肋间，肩关节水平线上下瓣胃，羊表现痛苦不安，穿刺瓣胃可感到内容物较硬，有时可以在右肋骨弓下摸到阻塞的瓣胃；如果病程延长，瓣胃小叶发炎或坏死，常可继发败血症，可见病羊体温升高，呼吸和脉搏加快，全身衰弱，卧地不起，最后死亡。

【预防】 避免给羊过多饲喂秕糠和坚韧的粗纤维饲料，防止导致前胃弛缓的各种不良因素。注意运动和饮水，增进消化机能，防止本病的发生。

【治疗】 病的初期可用硫酸钠或硫酸镁20~30克，加水300~500毫升，一次内服；或液状石蜡200~300毫升，一次内服。同时静脉注射促反刍注射液100毫升，增强前胃神经兴奋性，促进前胃内容物排出。

对顽固性瓣胃阻塞，可用瓣胃注射疗法。具体方法是：于右侧第九肋间隙和肩关节水平线交界处，选用12号7厘米长针头，向对侧肩关节方向刺入约4厘米深，刺入后可先注入20毫升生理盐水，感到有较大压力，并有草渣流出时，表明已刺入瓣胃，然后注入25%硫酸镁溶液30～40毫升，液状石蜡100毫升（交替注入瓣胃），于第二天再重复注射1次。瓣胃注射后，可用10%氯化钙10毫升、10%氯化钠50～100毫升、5%葡萄糖生理盐水150～300毫升，混合1次静脉注射。待瓣胃内容物松软后，皮下注射0.1%氨甲酰胆碱（卡巴胆碱）0.2～0.3毫升，兴奋胃肠运动机能，促进瓣胃内容物排出。

128 羊的创伤性网胃心包炎的诊断和治疗原则是什么？

创伤性网胃心包炎，是由于羊误食异物刺伤网胃壁，又穿透膈肌和心包，使心包发生炎症的一种疾病。其临床特征为急性或慢性前胃弛缓，瘤胃间歇性臌气。本病常见于奶山羊，偶尔发生于绵羊。

【诊断】 本病主要根据其以下几个方面诊断：

（1）临床症状 病羊精神沉郁，食欲减少，反刍缓慢或停止，行动谨慎。表现疼痛、拱背，不愿急转弯或走下坡路，前胃弛缓：慢性瘤胃臌气，肘肌外展以及肘肌颤动。

（2）临床检查 用手冲击触诊网胃区，或用拳头顶压剑状软骨区时，病羊表现疼痛、呻吟、躲闪。听诊心音减弱，混浊不清，常出现摩擦音和排水音。叩诊心区扩大，有疼痛感。有条件的还可用金属探测仪及X光线透视检查。

（3）体温心跳等其他情况 体温一般正常，但有时升高。心跳明显加快，颈静脉怒张，颌下、胸前发生水肿。疾病后期常导致胸膜粘连、心包化脓和脓毒败血症。但本病应与前胃弛缓、酮病、多关节炎、蹄叶炎、背部疼痛等疾病进行鉴别。

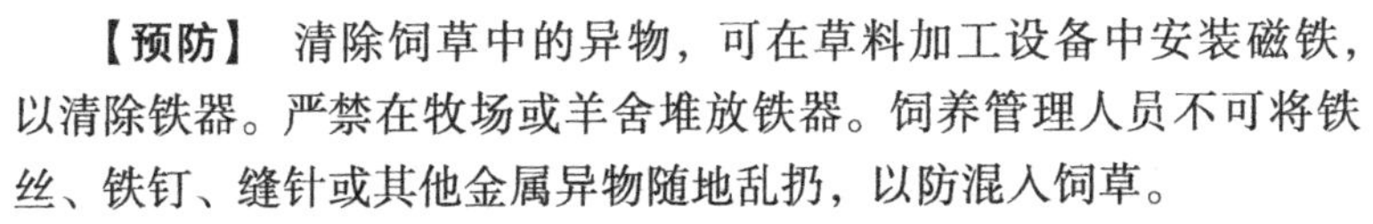

【预防】 清除饲草中的异物，可在草料加工设备中安装磁铁，以清除铁器。严禁在牧场或羊舍堆放铁器。饲养管理人员不可将铁丝、铁钉、缝针或其他金属异物随地乱扔，以防混入饲草。

【治疗】

（1）保守疗法 病的初期，停止活动和放牧，减少饲草喂量，降低腹腔脏器对网胃的压力。可肌内注射青霉素80万单位、链霉素0.5克，每天2次，连用1周。也可用磺胺嘧啶5～8克、碳酸氢钠5克，加水1次内服，每天1次，连用1周以上。

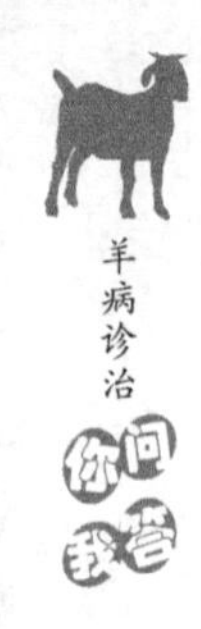

（2）**手术疗法** 可施行瘤胃切开术，取出异物。

129 引起羊胃肠炎的病因有哪些？治疗上应注意些什么？

胃肠炎是胃肠黏膜及其表层和深层组织的重要性炎症。临床上很多胃炎和肠炎往往同时发生，故合称为胃肠炎，且常常伴发消化紊乱和自体中毒。胃肠炎按病程经过分为急性胃肠炎和慢性胃肠炎；按病因分为原发性胃肠炎和继发性胃肠炎；按炎症性质分为黏液性胃肠炎（以胃肠黏膜被覆多量黏液为特征的炎症）、出血性胃肠炎（以胃肠黏膜弥漫性或斑点状出血为特征的炎症）、化脓性胃肠炎（以胃肠黏膜形成脓性渗出物为特征的炎症）和纤维素性胃肠炎（以胃肠黏膜坏死和形成溃疡为特征的炎症）。

原发性和继发性胃肠炎病因见表9-3。

表9-3 原发性和继发性胃肠炎的病因

类　型	病　因
原发性胃肠炎	① 多由饲养管理不当引起，如饲料品质不良（如发霉，冰冻等）、过食、饲料突然更换、有毒植物中毒、受到冷水刺激、圈舍湿冷等 ② 营养不良、长途运输等因素降低了羊的防御力，使胃肠屏障机能减弱，平时腐生于胃肠道并不引起致病作用的细菌（如大肠杆菌、坏死杆菌等），此时往往大量繁殖而致使羊发病 ③ 由于滥用抗生素，一方面可使细菌产生耐药性，另一方面在用药过程中造成肠道菌群的失调而引发本病
继发性胃肠炎	常见于许多传染病（如结核、副结核、口蹄疫、出血性败血症等）和寄生虫病（如羊钩虫、结节虫、肝片形吸虫等）。此外，其他器官（牙齿、口腔、心、肺、肝、肾等）的疾病，也可继发胃肠炎

【临床症状】 胃肠炎的临床表现以消化机能紊乱、腹痛、发热、腹泻、脱水和毒血症为特征。病羊精神沉郁，食欲减退或废绝，舌面覆有黄白苔，口臭，常伴发腹痛；粪便稀，呈粥样或水样，腥臭，粪便中混有黏液、血液和坏死的黏膜组织，有的混有脓液。病初期肠音增强，随后逐渐减弱甚至消失；当炎症波及直肠时，排粪呈现里急后重；病至后期，肛门松弛，排粪失禁。体温升高，心率增快，

呼吸加快，眼结膜暗红或发绀，眼窝凹陷，皮肤弹性减退，尿量减少。随着病情恶化，病畜体温降至正常温度以下，四肢厥冷，体表静脉萎陷，精神高度沉郁甚至昏睡或昏迷。慢性胃肠炎，病羊食欲不定，时好时坏，或食量持续减少，常有异食癖而喜舔食墙壁或泥土。

若口臭显著，食欲废绝，主要病变可能在胃；若黄染和腹痛明显，初期便秘并伴发轻度腹痛，腹泻较晚，病变可能主要在小肠；若脱水迅速，腹泻出现早并有里急后重症状，主要病变在大肠。

【预防】 搞好饲养管理，不喂霉败饲料，不让动物采食有毒物质和有刺激性和腐蚀性的物质；防止各种应激因素的刺激；搞好羊群的定期预防接种和驱虫工作。更换饲料时应少量逐步进行。

【治疗】 原则是消除炎症、清理胃肠、预防脱水、维护心脏功能、解除中毒、增强机体抵抗力。可用磺胺脒（或琥珀酰磺胺噻唑、酞磺胺噻唑）4~8克，萨罗2~8克，加适量常温水，内服。内服诺氟沙星（每千克体重10毫克），或者肌内注射庆大霉素（每千克体重1500~3000单位）、环丙沙星（每千克体重2.0~5毫克）、乙基环丙沙星（每千克体重2.5~3.5毫克）等抗菌药物。

哺乳羔羊应根据下列处方治疗：

1）鞣酸蛋白1.5克、柳酸（水杨酸）1克、磺胺脒1克，将以上做成粉剂，混合均匀，分为4包，1天服完，以上服药时间均须分配在每两次哺乳之间。不可距离哺乳时间太近，以免影响药效。

2）拉稀严重者，除用上述处方治疗外，还应配合肌内注射庆大霉素2毫升（0.25克）、黄连素（小檗碱）2毫升或青霉素10万单位，每天2次。中药治疗：平胃散，苍术10克、厚朴6克、枳壳6克、茯苓6克、陈皮6克、胆草10克、甘草5克，水煎，去渣灌服。五苓散，茯苓10克、泽泻10克、白术12克、赤芍15克、桂皮5克、滑石10克、建曲15克，水煎服，或研末开水冲服。

130 羔羊消化不良的病因有哪些？怎样应对？

羔羊消化不良是初生羔羊在哺乳期的常发病，主要特征是明显的消化机能障碍和不同程度的腹泻，多发生于1~3周龄的初生羔

羊，哺乳前期羔羊均有可能发生。本病根据临床症状和疾病经过，分为单纯性消化不良和中毒性消化不良两种。单纯性消化不良（食饵性消化不良），主要表现为消化与营养的急性障碍和轻微的全身症状；中毒性消化不良，主要呈现严重的消化障碍、明显的自体中毒和严重的全身症状。本病通常不具有传染性，但具有群发性的特点。在临床上应与由特异性病原体如羊副伤寒、羔羊痢疾等引起的腹泻进行鉴别。

【病因】

1）母羊饲养不良，饲料中营养物质不足。妊娠母羊或哺乳母羊营养不足均可引起该病的发生。妊娠母羊营养不足导致胎儿的正常发育受到影响，而影响消化器官的发育及机能的健全。哺乳母羊母乳中维生素 A 不足时，可导致消化道黏膜上皮角化；B 族维生素不足时，可使羔羊胃肠蠕动机能障碍；维生素 C 不足时，可引起幼畜胃肠分泌机能减弱，从而造成羔羊体质下降，抵抗力降低。

2）饲养管理及护理不当。如人工哺乳不定时、不定量，乳温过高或过低，使用配制不当的代乳品，以及哺乳期幼畜补饲不当均可导致发病。畜舍潮湿、卫生不良、拥挤或气候变化而未得良好保护引起的应激，都可引起羔羊消化不良。

3）中毒性消化不良的病因，多半是由于对单纯性消化不良治疗不当或治疗不及时，导致肠内容物发酵、腐败，所产生的有毒物质被吸收或是微生物及其毒素的作用，而引起自体中毒的结果。

4）母羊患乳房炎以及其他慢性疾病时，羔羊吃奶后，极易发生消化不良。

【预防】 主要是改善饲养管理，加强护理，注意卫生。

（1）加强妊娠母羊的饲养管理 保证母羊获得充足的营养物质，特别是在妊娠后期，应增喂富含蛋白质、脂肪、矿物质及维生素的优质饲料；改善母羊的卫生条件，经常刷拭皮肤，对哺乳母羊应保持乳房的清洁，并保证适当的舍外运动。

（2）注意对羔羊的护理 保证新生羔羊能尽早地吃到初乳，最好能保证羔羊在生后 1 小时内吃到初乳，并使其在出生后 6 小时内吃到不低于自身体重 5% 的高质初乳；对体质孱弱的羔羊，初乳应采

取少量多次、人工饮喂的方式供给；母乳不足或质量不佳时，可采取人工哺乳，人工哺乳应定时、定量，且应保持适宜的温度；畜舍保持温暖、干燥、清洁，防止羔羊受寒；定期消毒羊舍及围栏，经常更换垫草，及时清除粪尿，羔羊的饲具必须经常洗刷干净，定期消毒。

【治疗】 应采取综合疗法，包括食饵疗法、药物疗法及改善卫生条件等。

首先，将患病羔羊置于干燥、温暖、清洁的畜舍或畜栏内；加强哺乳母羊的饲养管理，给予全价日粮，保持乳房卫生。为缓解胃肠道的刺激作用，可施行饥饿疗法，禁食或禁乳3～10小时，此时可饮盐酸水溶液（氯化钠5克，33%盐酸1毫升，凉开水1000毫升）。腹泻不严重的羔羊，可应用油类泻剂或盐类泻剂进行缓泻，帮助其排出胃肠内容物。

为防止肠道感染，特别是对中毒性消化不良的羔羊，可肌内注射链霉素（每千克体重10毫克）或卡那霉素（每千克体重10～15毫克），头孢噻吩（每千克体重10～20毫克），庆大霉素（每千克体重1500～3000单位），痢菌净（每千克体重2～5毫克）。内服磺胺脒（每千克体重0.12克），磺胺-5-甲氧嘧啶（每千克体重50毫克）等。

为制止肠内发酵、腐败过程，可选用乳酸、鱼石脂、萨罗、克辽林等防腐止酵药物。当腹泻不止时，可选用明矾、鞣酸蛋白、碱式硝酸铋、颠茄酊等药物。为防止机体脱水，保持水盐代谢平衡，病初，可给羔羊饮用生理盐水50～100毫升，每天3～5次。也可应用10%葡萄糖注射液或5%葡萄糖生理盐水注射液，羔羊50～100毫升，静脉或腹腔注射。

为提高机体抵抗力和促进代谢机能，可施行血液疗法。皮下注射10%枸橼酸钠贮存血或葡萄糖枸橼酸钠血（由血液100毫升、枸橼酸钠2.5克、葡萄糖5克，灭菌蒸馏水100毫升，混合制成），羔羊0.5～1毫升每千克体重，每次可增量20%，间隔1～2天注射1次，每4～5次为1个疗程。

中药疗法：党参30克、白术30克、陈皮15克、枳壳15克、苍

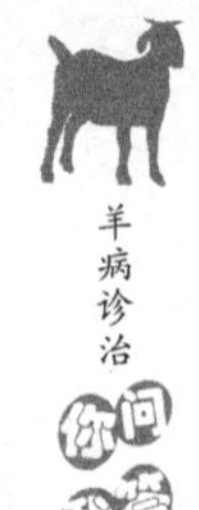

术15克、防风30克、地榆15克、白头翁15克、五味子15克、荆芥30克、木香15克、苏叶30克、干姜15克、甘草15克，加水1000毫升，煎30分钟，然后加开水至总量1000毫升，每头羔羊30毫升，每天1次，用胃管投服。

131 羔羊肠痉挛有哪些症状？如何治疗？

肠痉挛是由不良因素刺激肠平滑肌痉挛性收缩而发生的一种间歇性腹痛，其主要病因是寒冷的刺激，或吃了腐败和难以消化的食物，或羔羊处于饥饿状态。对于该病民间常用热炕、热砖或热水袋热敷腹部，同时喂给热奶和温水，能收到满意效果。所以热敷对治疗羔羊肠痉挛是行之有效的方法之一。

【临床症状】 羔羊往往突然发病，病羊体温正常或偏低，耳鼻及四肢冰凉，结膜苍白，口吐清涎水。轻症者，肠痉挛多表现拱背、卧地、回头顾腹、打滚、腹泻或做排尿状；严重时，病羊反复起卧、四肢蹬直或转圈。腹部听诊胃肠蠕动增强，有时腹部胀满。疼痛停止后羔羊恢复健康。

【防治】

1）加强母羊和羔羊的饲养管理，注意羔羊保暖，防止受寒。禁止用酸败、发霉、冰凉的饲料饲喂羔羊。

2）使用热炕、热砖或热水袋热敷腹部，同时喂给热奶和温水。

3）为了暖胃，可用姜10毫升或茴香10毫升，加适量温水灌服。30%安乃近5毫升，肌内注射；或用2%普鲁卡因2毫升、10%硫酸镁10毫升，一次静脉注射。

4）预防时可用清热健胃散，羊每头每次20～50克，拌入饲料中口服或灌服。

132 绵羊食毛症发生的主要原因是什么？如何应对？

绵羊食毛现象多见于哺乳羔羊，症状为羔羊啃咬和食入自己或母羊的毛，主要啃食的部位是颈部和肩部，有时专吃母羊腹部、后肢及尾部的脏毛。羔羊之间也会互相啃咬。

【病因】 其原因是体内极度缺乏含硫氨基酸。缺乏原因是其瘤

胃发育尚未完善不能合成氨基酸而母羊料缺乏造成母乳也缺乏。

【预防】 改善饲养管理条件，给母羊营养完全的饲料，并经常运动。给羔羊提供富含蛋白质、维生素和矿物质的草料，如青绿饲料、甜菜、胡萝卜、麸皮等，再每天供给5~10克骨粉和适量食盐。还有直接给羔羊提供含硫氨基酸能取得很好效果。

【治疗】 对啃食了羊毛的羔羊进行灌肠通便，发生便秘和消化紊乱的羊给予液状石蜡、硫酸钠、人工盐等泻剂。改善母羊和羔羊的饲粮质量及成分：如供给多样化和钙丰富的饲料，精饲料中加入食盐和骨粉，补喂鱼肝油，羔羊补喂动物性蛋白质如鸡蛋，每天一个。将母羊和羔羊隔开，吃奶时才让其互相接近。严重的可做真胃切开术，取出毛球。肠道已经发生坏死的孱弱羔羊不易治愈。

133 哪些原因会导致羊的产后不食，怎样预防和治疗？

【病因】 羊产后采食量下降甚至不食的主要原因如下：

1）羊产后消化机能减弱，而饲料不适合。

2）羊产后体质极度疲乏、虚弱，导致消化机能紊乱。

3）羊产后腹压突然降低，消化机能不能正常运行。

4）产道感染、发炎，引起体温升高，腹痛而厌食。

5）哺乳后期因饲料太单一导致不食。

【预防】 合理搭配饲草饲粮。注意日粮的可消化性。发育良好及体质健壮的母羊在产前1周逐渐减少饲粮，产后1周再逐渐增加精饲料。体质瘦弱的母羊适当增加营养。接产时要做好消毒、护理等工作，防止产道感染细菌而引发炎症。

【治疗】 根据发病原因而分别治疗：

1）喂精饲料过多引起的不食症，用人工盐或黄酒250克、红糖200克、生姜细末100克混匀，酌量分期灌服；或者用鸡、猪的胆汁15毫升加食醋100~200毫升煮沸放温后灌服或者用鸡内金焙焦，碾成粉加黄酒灌服。

2）因营养性缺钙及磷引起的不食症。用葡萄糖酸钙0.5克，每次10片，每天3次，连服5~10天；或静脉注射10%葡萄糖酸钙

30～50毫升，每天1次，连用3～5天。还可内服骨粉（或磷酸氢钙），每次30克，每天1～2次，补钙的同时注意维生素A或鱼肝油的补充。

3）因产道感染发热而引起的不食症，应及时退热，采用磺胺类和抗生素治疗。同时服用“加味生化汤”。加味生化汤：当归25克、黄芪25克、益母草15克、川芎15克、红花15克、三棱15克、莪术15克、桃仁15克、炮姜8克，煎汤。

134 什么原因引起羊发生膀胱炎？该怎么处理？

膀胱炎是膀胱黏膜的表层及深层的炎症。有卡他性、纤维蛋白性、化脓性、出血性四种性质。临床上以黏膜的卡他性炎症较为多见。

【病因】

引起本病的原因有以下几种：

1）感染：在一般情况下，非特异性细菌感染如化脓杆菌、葡萄球菌、绿脓杆菌、大肠杆菌、变形杆菌等病原菌多通过血液循环或尿道入侵膀胱，此外还有一些传染病的特定继发感染或导尿时导尿管及手指消毒不彻底引起的感染。

2）邻近组织器官炎症的蔓延：如肾炎、输尿管炎、腹膜炎、子宫炎、阴道炎、尿道炎等均能导致本病的发生。

3）各种物理化学刺激：如结石、肿瘤，或因膀胱麻痹、尿道阻塞等。刺激性的药物如松节油以及某些农药中毒等。

【治疗】 改善饲养管理条件，消炎抑菌，消毒防腐加上对症治疗。

1）改善饲养管理条件：注意病羊的适当休息，减少饲喂精饲料，挑选刺激性小或无、富含营养且易消化的优质饲料喂给，并给予清洁的饮水。

2）药物治疗：乌洛托品5～10克、穿心莲片1克×30片、氯化铵片0.3克×6片，成年羊1天灌服2～3次；诺氟沙星胶囊0.1克×4丸、头孢氨苄胶囊0.25克×4片，成年羊1日2～3次灌服，对控制由病原微生物感染引起的膀胱炎效果很好。

3）中药：一般性膀胱炎服用滑石散；炎性产物较多的膀胱炎，服用治浊固本汤；出血性膀胱炎服用秦艽散。

135 什么原因引起羊发生膀胱麻痹？该怎么处理？

膀胱麻痹是膀胱不排尿而让尿液停滞在膀胱的现象。其引发原因多是腰间部或后腰部的脊髓疾病（如创伤、炎症、出血、麻痹及肿瘤等）使支配膀胱的神经机能障碍，或者大脑皮质（调节排尿的高级神经系统）机能障碍，都能引起膀胱麻痹或部分麻痹。

【治疗】 根据情况看有无治疗价值，若需治疗按以下办法进行。

1）尿液停滞时，采用人工排尿。

采用消毒后的导尿管插入膀胱排尿，每天 2～3 次。为保持清洁和预防发炎，在尿道口涂擦些消毒软膏。

通过腹壁按摩膀胱，每次持续 15 分钟，每天 1～2 次。

药物对症治疗：5% 百浪多息钠（红色素）5～15 毫升，1 次肌内注射或腰间部涂擦樟脑乙醇。

中药选用茯苓、猪苓、木通、泽泻各 6 克，熟地、山药、朴硝、红茶末各 30 克，生芪、肉桂、滑石、车前子各 15 克，共研细末，加竹叶、灯芯煎汁为引，开水冲调。

2）提高膀胱肌肉的兴奋性。

0.1% 硝酸士的宁每次 1～3 毫升，皮下或肌内注射均可，连用 3 天，停药 2 天，再用 1 个疗程。

维生素 B_{12} 100 微克（1～2 毫升）、维生素 B_1 10 毫克（1～2 毫升）混合后注入百会穴。

3）内服乌洛托品，防止尿路与膀胱发炎。

136 什么原因引起羊发生尿结石？该怎么处理？

尿液中的各种盐类被析出后形成的凝结物，中兽医称其“砂石淋”。凝结物存在于肾，称为肾结石；存在于膀胱，称为膀胱结石；存在于尿道，称为尿道结石。尿道结石主要症状是引起排尿困难和疼痛。

【病因】 尿中保护性胶体的含量减少或某些盐类化合物含量过高，还与尿道的 pH、肾机能变化、饮水质量等有关。临床上以 3～6

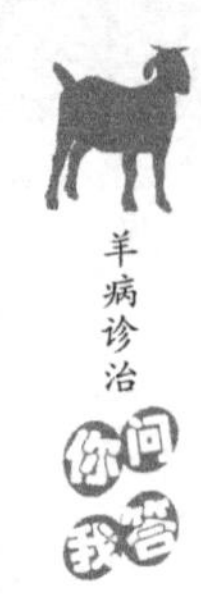

月龄的公羊发病较多。

【预防】

1）饲粮不能单一，钙、磷比例要恰当。

2）日粮中应含有适量的维生素A。

3）及时治疗泌尿器官疾病，避免尿液滞留。

4）适当增喂多汁饲料或增加饮水。

5）舍饲的羊只喂给食盐或在饲料中添加适量的氯化铵。

【治疗】

1）较大的尿结石，采用手术方法取出结石。

2）小颗粒和小块尿结石，使用利尿药或中药促其排出。

① 利尿药：双氢克尿噻每次0.1~0.4克，每天1~2次，或氯噻酮每次0.2~0.4克，每天或隔天1次。

② 中药：

处方一：木通21克、瞿麦30克、篇蓄30克、海金砂30克、车前子30克、生滑石45克、栀子21克，水煎，温灌服。

处方二：桃仁12克、红花6克、归尾12克、赤芍9克、香附12克、海金砂15克、吴茱萸9克、官桂12克、广木香9克、茯苓12克、木通18克、篇蓄12克，共研成末，分3次开水冲服，每次灌药加水500毫升。治山羊的尿结石，服用上方后，见到排尿不感困难时，再服以下方子：车前子18克、海金砂12克、木通15克、灵仙根9克、荔枝核12克、血通12克、滑石15克、广香9克、橘核12克、银花9克、白芷15克、通草3克研末，分2次开水冲服。若继发肾盂肾炎要内服乌洛托品尿道消炎药。

137 不同原因引起的创伤处理原则是什么？

创伤是指体表或深部组织发生的损伤。引起创伤的原因很多：机械原因引起的，如开放性和非开放性损伤；物理原因引起的，如烧伤、冻伤、电击及放射性损伤等；化学原因引起的，如化学性热伤及强刺激剂引起的损伤等；生物性如各种细菌和毒素等引起的损伤。各种因素引起的创伤都分为有感染和无感染创伤，并且治疗方法也有所不同，见表9-4。

表 9-4 不同创伤的处理原则

创伤类型	处理原则
新鲜清洁创	直接用消毒纱布盖住创面，剪掉创面周围的毛，消毒处理后撒上青霉素、链霉素粉及其他防腐生肌药。新鲜出血创面，先止血，再清创，最后根据创面大小决定是否缝合，之后撒布双抗。止血可在创面撒布止血粉，严重的要使用卡巴克洛、维生素 K 或氯化钙等全身性止血药，清创选用3%双氧水（过氧化氢）、0.1%高锰酸钾溶液和生理盐水
陈旧的化脓性感染创	先扩创排脓，去除坏死组织，然后用0.1%高锰酸钾、3%双氧水（过氧化氢）或0.1%的新洁尔灭等冲洗创伤。最后用消毒纱布条引流，必要时缝合。有全身症状的要选用抗菌消炎类药处理，注意强心解毒
陈旧肉芽创	先清理创围，再用生理盐水冲洗。然后选用刺激性小、能促进肉芽组织和上皮生长的药物局部涂布，如松碘流膏、3%的龙胆紫（甲紫）等。除去赘生的肉芽组织可用硫酸铜腐蚀，还可用烙烧法去除

138 缝合羊脐疝需要注意些什么？

脐疝是腹腔脏器经脐孔脱出于皮下的一种疾病，见于羔羊，脱出脏器多为小肠或网膜。其治疗多采取手术复位疗法，术前注意事项，禁食1天、禁水半天。手术时，病羊仰卧保定，局部麻醉后切开疝部囊（最好不切开腹膜），剥离腹膜后将腹膜与疝内容物一起还纳腹腔。采用结节缝合或连续缝合法以闭锁疝轮，最后缝合皮肤。伤口用青链霉素处理。

139 怎样处理羔羊脐炎？

羔羊脐炎是脐带血管及其周围组织被感染所引起的炎症，分为脐血管炎及坏疽性脐炎两种。如果炎症蔓延会起腹膜炎，尤其是化脓菌沿脐血管侵入体内易继发败血症及脓毒败血症，还可能感染破伤风杆菌而并发破伤风。

【治疗】 初期，于脐孔周围皮下注射青霉素普鲁卡因溶液，并涂布碘酊。体温升高时，应及时注射抗生素和磺胺类药物控制病情，如果有化脓，还应及时切开排脓。坏疽性脐炎，须切除坏死组织，

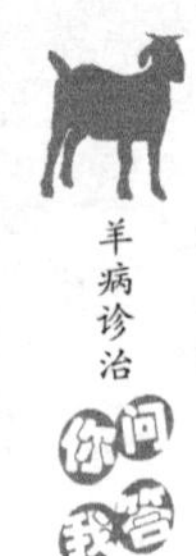

创口用碘酊处理，并向创口内撒布青霉素和链霉素粉，同时肌内注射抗生素。

140 如何防治羊的腐蹄病？

本病是一种高度接触性传染病，其病原菌主要是节瘤拟杆菌加上坏死梭杆菌、羊肢腐蚀螺旋体，以及化脓棒状杆菌、链球菌、葡萄球菌、大肠杆菌等。在饲料中钙、磷比例不平衡，圈舍不清洁、潮湿，运动场泥泞，蹄部经常被粪尿、泥浆浸泡和被石子、坚硬的草木、玻璃碴刺伤等因素下造成蹄部软组织受伤，软化，进而发炎、坏死。其发病率为8%～20%，有的高达30%～50%，是反刍动物特别是绵羊、山羊和牛的常见病。其损失主要是生长发育不良、掉膘、羊毛质量变化，偶尔死亡等。

【治疗】

1）加强饲养管理，消除引发疾病的各种因素，如经常修蹄，及时处理蹄外伤以及减少或避免接触到尖硬多荆棘的东西，保持圈舍、运动场清洁干燥，不过度拥挤，不在低洼、潮湿的地区放牧等；草料中添加锌与铜以及调整钙、磷比例。

2）对已有本病的羊群及时检查全群，隔离病羊。健康羊用30%硫酸铜或10%福尔马林浴蹄以预防本病发生。彻底清扫消毒圈舍，表层土壤铲除，换成新土，粪便、坏死组织及污染褥草彻底焚烧，并停止在污染的牧场放牧，再利用要等到2个月以后。

3）可注射抗腐蹄病疫苗，初次免疫，连续注射2次，间隔5～6周；以后每6个月免疫1次。

4）治疗措施：患部除去坏死组织直到露出干净创面，用食醋或4%醋酸或1%高锰酸钾或3%来苏儿或双氧水（过氧化氢）或20%硫酸锌洗涤，再用10%硫酸铜浴蹄2～5分钟，间隔1周进行1次。蹄底的腐烂组织挖去后，用5%碘酊棉球填塞患部，或者取20万单位青霉素，溶解于5毫升蒸馏水中，再加入50毫升鱼肝油，搅拌混合，制成乳剂，涂于腐烂创口，深部腐烂的可用纱布蘸取药液填充后包扎，每天换药1次。对于严重的病羊，还要进行全身给药，一般采用磺胺类药物或抗生素注射。

中药选用桃花散或龙骨散撒布患处。桃花散：陈石灰 500 克、大黄 250 克，大黄放与一碗水的锅中煮沸 10 分钟，再加入陈石灰，搅匀晾干，取出大黄后研为细面撒用。龙骨散：龙骨 30 克、枯矾 30 克、乌贼骨 15 克、乳香 24 克，共研成细末撒用。

141 如何防治羊的眼病？

本病多发生在炎热、湿度较高的夏秋季节，其传染快，呈地方性流行，发病率高，可达 90% ~100%，但病死率很低。该病多发生在一侧或两侧眼部，症见流泪、怕光、眼睑肿胀，并有脓性分泌物，可在发病当天见到角膜混浊，且呈灰白色半透明或者乳白色不透明，一般先从角膜边缘开始，逐渐向眼中央发展至视力完全丧失。

【治疗】 1% ~2% 硼酸水冲洗干净或四环素眼药膏涂于眼中，每天早晚各 1 次，或青霉素和链霉素各 50 万单位加蒸馏水 10 毫升冲洗。

142 如何处理羊股骨骨折？

羊不容易发生骨折，其他部位的骨折处理意义也不大，但对于还有一定经济价值的羊发生了股骨骨折后应及时进行治疗，以防止不应有的损失发生。

【治疗】 剪净羊患部的毛，用 5% 碘酒消毒处理后将骨折处上下拉直，手整复位，复位后在骨折处用下述中药物研末，用白酒调匀敷上：木瓜、蒲公英各 50 克，乳香、没药、蝎子各 25 克，大黄 125 克，然后用绷带缠绕 4 ~5 层，再用长 15 厘米、宽 5 厘米的薄竹片（或木板）固定在外面。注意：用细麻绳或尼龙绳捆绑时要捆在上、中、下 3 处，其结实，松紧要适当。7 天换敷药 1 次，继续保持固定。处理的前 3 天用青霉素 160 万单位（第一次量加倍）加适量普鲁卡因肌内注射，每天 1 次，连用 3 天。处理期间最好专人看护，喂给含有骨粉及多种维生素的优质饲料，并防止便秘。从第三天起，每天扶羊起站 3 次，每次 2 ~3 分钟，顺便让其采食、饮水，第五天起来后可在栏内做适当运动，12 天左右可以自行站立采食，21 天取下夹板。

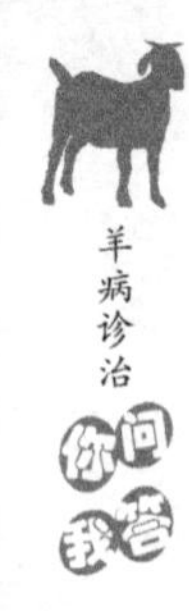

143 引起羊乳房炎的细菌种类有哪些类型？怎么治疗？

乳房炎是母羊乳房的乳腺、乳池、乳头等处局部的炎症，其发病的主要病因是由乳房不清洁引起的细菌感染。其感染的病原主要是细菌：山羊主要为链球菌、葡萄球菌、结核杆菌、假结核杆菌，绵羊还有大肠杆菌、类巴氏杆菌及化脓杆菌等。发生感冒、结核、口蹄疫、子宫炎等疾病时患羊也会引起乳房炎。

【治疗】 羊乳房炎除了要局部处理还要结合全身治疗。

（1）局部治疗

1）冷敷加抗生素：主要用于初期，红、肿、热、痛剧烈的病例，每天敷2次，每次15~20分钟。之后用青霉素20万单位加入0.25%~0.5%普鲁卡因10毫升，分3~4个点注入乳腺组织内。

2）乳房冲洗灌注法：挤净坏奶，用灭菌生理盐水50~100毫升注入乳池，轻轻按摩，挤出，重复2~3次。最后注入溶有20万单位青霉素的生理盐水40~60毫升到乳池，每天2~3次。注意：出血性乳房炎不能按摩，如果乳池中积有血凝块，可从乳头管注入1%的盐水50毫升以溶解血凝块。

3）热敷法：慢性乳房炎采用40~45摄氏度热水热敷或用红外线灯照射，每天2次，每次15~20分钟，之后涂上10%樟脑软膏。

4）乳房坏疽：最好进行切除。

（2）全身治疗

1）限饲结合全身抗生素处理。限饲采用减少喂给精饲料、多汁饲料（如青贮饲料、根菜类及青饲料）、饮水等，喂给优质干草（如苜蓿、三叶草及其他豆科牧草等）。食欲不佳也可暂时不予处理。抗生素处理：有体温升高时用每千克体重0.07克磺胺类药物灌服，每次4~6小时，首次用量加倍；或者静脉注射磺胺噻唑钠（或磺胺嘧啶钠）20~30毫升，每天1次；或者肌内注射20万~40万单位青霉素，每天2~3次。

2）口服硫酸钠100~120克，可促进身体排出毒物和降低体温。

3）对于长时期治疗无效的顽固性乳房炎可采乳样进行细菌检查和药敏试验，以选用合适的磺胺类或其他抗生素药物进行治疗。

4）由感冒、结核、口蹄疫、子宫炎等病引发的乳房炎要同时治疗这些原发病。

144 如何治疗羊产后无乳及泌乳不足？

羊产后由于乳腺机能障碍发生泌乳停止或泌乳不足的原因很多，如果找不到明确原因，应当先从改善饲养管理条件着手，给予多汁并富含蛋白质的饲草饲料，再辅以药物治疗。

1）催产素10~20个单位肌内注射/次，4个小时1次，连用两天。

2）中药促进泌乳量也有较好的疗效，常用以下处方：当归6克、白芍6克、川芎6克、花粉5克、王不留行9克、穿山甲9克、黄芪9克、通草6克、甘草4克，水煎服，连服3天。土办法：虾米50克，加水灌服或猪蹄两个水煮后灌服或王不留行加小米煮后饮服。

145 羊难产怎么办？

难产指母羊分娩时不能将胎儿顺利地由体内分娩出体外的现象。胎衣不下是指胎儿娩出以后母畜未在正常时间排出胎衣的情况。正常情况下胎儿娩出后绵羊3.5（2~6）小时，山羊2.5（1~5）小时娩出胎衣，如果超过14小时胎衣仍未排出即判为胎衣不下。

【处理】 对难产羊进行全面检查，及时实施人工助产术。必要时采取剖宫产。

（1）助产原则

1）确定是难产时，及早采取助产措施，越早越好。

2）让母羊前低后高或仰卧，将胎儿推回子宫内进行姿势矫正。

3）如果胎膜未破，最好不要弄破。但当胎儿的姿势、方向、位置复杂时可将胎膜穿破进行及时助产。

4）如果胎膜已破裂且时间较长，产道已变干，需要注入润滑剂如液状石蜡或其他油类等。

5）从产道带入刀子、钩子等尖锐器械时必须用手保护好，避免损伤产道。

6）助产动作不能粗鲁。只要不是胎儿过大或者母体过度疲乏，只将胎儿向内推，矫正其反常部分，就可自然产出。如果需要用人

力拉出，则应缓缓用力，使其和自然产出一样。羊的子宫壁较马、牛薄，如果动作粗鲁，容易造成子宫穿孔或破裂。

7）矫正之后，如果一个人用一定的力量都不能拉出胎儿，或者胎儿过大、畸形或肿大时，需考虑施行截胎术或剖腹产术。

（2）助产最佳时间 母羊开始阵缩超过4小时还未见羊膜绒膜在阴门外或阴门内破裂（山羊0.5～4小时，绵羊14分钟～2.5小时，双胎间隔15分钟），母羊停止阵缩或阵缩无力时需迅速进行人工助产。

助产准备。①助产前进行基本情况询问和全身状况检查。②正确地保定母羊。③对手臂、助产用具等进行常规清洗消毒，阴户外周用新洁尔灭溶液清洗干净。④查看产道有无水肿、损伤、感染等以及产道表面干燥和湿润状态。⑤查看胎儿情况，确定胎位是否异常，胎儿是死是活等。

（3）助产方法 难产常见的状况有头颈侧弯、头颈下弯、前肢腕关节屈曲、胎儿横向、胎儿下位、胎儿过大等，根据不同的异常情况将其矫正，然后将胎儿拉出产道。如果遇子宫颈扩张不全、闭锁，或母羊骨骼变形导致骨盆腔狭窄等情况，胎儿无法正常通过产道，可进行剖腹产。遇到双羔同时将一肢腿伸出产道，形成交叉的情况应辨明关系。将一只羊的肢体推回腹腔，弄顺另一只羔羊的肢体，将其拉出产道后，再将推回腹腔的另一只羔羊肢体整顺后拉出。

> **【注意】** 切忌将两只羊的不同肢体认同为一只羔羊的肢体。如果宫颈完全开张，胎势、胎位、胎向和产道正常时可皮下注射麦角碱1～2毫升。

146 羊产后胎衣不下怎么办？

处理：皮下注射催产素2～3单位，连续注射1～3次，每次间隔8～12小时。配用温的生理盐水冲洗子宫，让羊前高后低或将羊的前肢提起。若还不行则采用手术剥离胎衣，方法是：用消毒液洗净外阴部和胎衣，用鞣酸酒精溶液冲洗消毒与术者手臂，再涂以消毒软膏（如果与术者手臂有小伤口或擦伤，必须涂擦碘酊，贴上胶布）。术时用一只手握住胎衣，另一只手送橡皮管入子宫内并注入高锰酸钾温溶液（1∶10000）；后从母体子叶上剥离绒毛膜。

> ⚠【注意】剥离时，由近及远。先用中指和拇指小心捏挤子叶的蒂，然后设法剥离盖在子叶上的胎膜。

胎衣不下的后续处理：胎衣长久停留，往往会发生较严重的产后败血症，其特征是病羊体温升高，食欲减退甚至消失，反刍停止，呼吸快而浅。末端皮肤冰冷（如耳朵、乳房和角根处）。喜卧，对周围环境反应十分淡漠，阴门有恶臭的污褐色液体流出。遇到这种情况时，采用以下方法治疗；肌内注射抗生素，青霉素 40 万单位，每 6~8 小时注射 1 次，链霉素 1 克，每 12 小时注射一次；静脉注射四环素，将四环素 50 万单位，溶入 5% 葡萄糖注射液 100 毫升中注射，每天 2 次；用 1% 冷食盐水冲洗子宫，待盐水排出后注入青霉素40 万单位及链霉素 1 克，每天 1 次，至痊愈；10% ~25% 葡萄糖注射液 300 毫升，40% 乌洛托品 10 毫升，静脉给药，每天 1 ~2 次，直到痊愈；根据临床表现，采用对症治疗，如给予健胃剂、缓泻剂、强心剂等。

147 羊发生阴道脱和子宫脱的原因是什么？如何治疗？

阴道脱是指阴道壁向阴门外脱出，子宫脱是指子宫的部分或全部向阴门外脱出。怀孕末期常发生阴道脱出，分娩以后阴道脱出和子宫脱出都易发生，山羊比绵羊多见。

【病因】

1）饲养管理不当。如运动不足、过度疲劳，不良饲料品质或给量不足造成了全身虚弱。

2）羊只过肥。

3）胎次较多的老母羊。

4）怀孕末期卧下时，由于腹腔内容物对阴道壁的压力增高。

5）生殖器官受到刺激，如难产及胎衣不下而努责过度。

6）孕羊发生严重腹泻。

7）子宫脱还可能因为子宫过度扩张造成。饲养管理不当是引起本病的主要原因，所以预防时应该首先改善孕羊的饲料及饲养管理条件，每天保证适当的运动。怀孕前 1/3 时期不要过于肥胖。羊舍

地面的倾斜度不宜太大，怀孕的后 1/3 期间，不要用大车或汽车运输孕羊。

【治疗】

1）脱出不大时，不需要特别治疗。有污染或创伤时，可用 2% 明矾溶水冲洗。为防止反复脱出，必须让羊的后躯站高；为此需将羊拴在狭窄的羊栏内，然后放一块向前倾斜的木板，或者给后躯多垫些褥草。

2）完全脱出时，应立即进行整复。方法与步骤如下：让羊后部站高，或者将羊放倒，后躯垫高，用温开水洗净脱出部分及其周围后再用 2% 的明矾水洗涤，让其血管及组织收缩变小；用手指将脱出部分推向前上方的骨盆腔内；再展平阴道黏膜上的皱襞后灌入阴道 3% 的明矾溶液。整复后缝合阴门。

> **【注意】** 如果山羊努责而妨碍操作时，可给羊内服 200 毫升左右白酒，使之镇静；缝合之前术区必须消毒。不要缝得过紧，但必须让缝线穿过深部组织，以免撕裂阴唇。山羊较敏感，努责较强该多缝几针。在阴门下角要留一小孔以便排尿外，在临分娩之前抽掉缝线。

148 如何治疗羊子宫内膜炎？

子宫内膜炎是母羊生殖器官一种常见的疾病，其特点是子宫黏膜的炎症。有时是感染了某种病原微生物，故有一定的流行性，它也是导致母羊不孕的原因之一。

【治疗原则】 严格隔离病羊，加强护理，不与分娩的羊同群喂养；保持羊舍的清洁温暖，饲料要营养而带有轻泻性，经常提供清水；抓紧治疗，防止急性子宫内膜炎转为慢性。

【治疗方法】 全身注射青霉素或链霉素，用 100 ~ 200 毫升 0.1% 高锰酸钾、1% 的盐水、1% ~ 2% 小苏打进行子宫冲洗或灌注，每天或隔天 1 次。分泌物较多时，盐水含量可提高到 3% 以促进炎性产物的排出，防止吸收中毒，并且可刺激子宫内膜产生前列腺素，以利于子宫机能的恢复。在子宫颈口很紧不能冲洗时可涂以 2% 碘酒于宫颈或肌内注射乙蔗酚 5 ~ 8 毫克使其松弛，冲洗后再灌注青霉素

40 万单位于子宫内。由于感染细菌复杂故应选用抗菌范围广的药物，如四环素、卡那霉素、庆大霉素、金霉素、诺氟沙星等。将药物用少量生理盐水溶解，做成溶液或混悬液，用导管输入子宫，每天2 次。还可采用激素治疗药物为 PGP2 类似物，作用是促进炎症产物的排出和恢复子宫功能。子宫内有积液时，可注射 2～4 毫克雌二醇，4～6 小时后注射 10～20 单位催产素以促进炎症产物排出。联合使用抗生素治疗，可收到较好的疗效。

149 怎样治疗羊的生产瘫痪?

生产瘫痪又叫低钙血症或乳热病，是一种急性而且严重的神经疾病。该病主要见于成年母羊的产前或产后数日，偶见怀孕的其他时期。其特征是咽、舌、肠道和四肢失去知觉，进而发生瘫痪。山羊和绵羊均可发生，但山羊较多见。尤其是 2～4 胎的高产奶山羊，几乎每次分娩都会重复发病。

【治疗】

(1) 补钙疗法 静脉输入或肌内注射 10% 葡萄糖酸钙 50～100 毫升；或 10% 葡萄糖 120～140 毫升，5% 氯化钙 60～80 毫升，10% 安钠咖 5 毫升混合后一次静脉注射。

(2) 乳房送风法 将羊稍呈仰卧姿势，挤出乳房中的乳汁，用酒精棉球擦干净乳头，重点是乳头孔。后将煮沸消毒过的导管插进乳头中，将空气通过导管送入到乳房中至乳房充满为止（用手指叩击乳房皮肤时有鼓响音）。

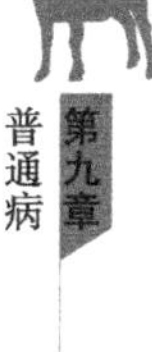

【注意】 乳房的两半都要注入空气，为了避免送入的空气外逸，取出导管时，应捏紧乳头，用纱布轻轻扎住每一个乳头的基部，持续 25～30 分钟。期间小心按摩乳房数分钟，然后让羊四肢蜷曲伏卧，用草束摩擦臀部、腰部和胸部后，盖上麻袋或布块保温。根据情况也可考虑注射 50% 葡萄糖溶液 100 毫升。注入空气后 6 小时若情况并未改善，可重复做乳房送风。

(3) 针灸治疗法 可在风门、百会、中博、大跨、撩草等穴位火针。

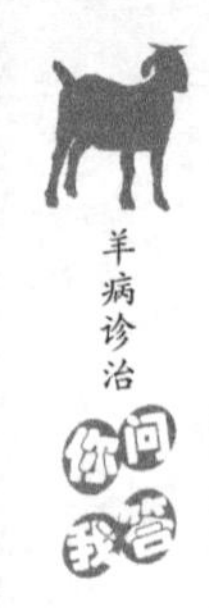

(4) 其他疗法

1）补磷：补钙后，病羊机敏活泼了，但欲起不能时，多是因为伴有严重的低磷血症，此时可一次静脉注射20%的磷酸二氢钠溶液100毫升。

2）补糖：随着钙的供给，血液中胰岛素的含量快速提高可使血糖降低，而引起低血糖症，所以补钙的同时应当补糖。

150 怎样急救新生羔羊窒息？

刚出生仔畜发生的呼吸发生障碍或完全停止，而心跳还在的情况称为新生羔羊窒息或假死。

（1）急救办法　速将其倒提或高抬后躯，用纱布和毛巾揩尽口鼻内的黏液，再以细胶管将口鼻喉中黏液吸出，使之呼吸道畅通，之后进行人工呼吸。其方法有以下三种：

① 有节律地按压羔羊腹部。

② 捏住两侧季肋部，扩张和压迫胸壁交替进行，扩张胸壁时将舌拉出口外，压迫胸壁时将舌送回口内。

③ 前后拉动两个前肢，以交替扩张和压迫胸壁。

> ▲【注意】 呼吸恢复后常易在短时间内又停止，故要多坚持一会儿。

（2）其他刺激办法

① 倒提仔畜抖动、甩动，或者拍击颈部及臀部，用冷水突然喷淋仔畜头部。

② 将浸有氨溶液的棉球放于羔羊鼻孔旁边。

③ 将头部以下部分浸泡于45度左右温水中，慢慢从鼻孔吹入冷气。

④ 针刺人中、蹄头、耳尖、尾根等部位的穴位。

⑤ 药物选用：尼可刹米、山梗菜碱、咖啡因、肾上腺素等，最好采用脐血管注射。

151 母羊的非传染性流产由哪些原因引起？

流产即怀孕中断，是以母羊怀孕以后发生的胚胎被吸收或者排

出死亡的（死胎）或未足月的胎儿为主要症状。其原因有两类：一是由传染性疾病所引起，如布氏杆菌病、沙门氏杆菌病、胎儿弯曲杆菌病以及边界病等。二是由子宫、子宫与腹膜、胎盘、脐带、胎儿等部位的结构及生理异常，如瘢痕、粘连，出血或捻转等。如果母体长时间绝食或长期饥饿、疾病如下痢及化学性中毒等造成的营养不足；日常饲养管理不当而造成羊滑跌、受其他羊只抵撞或腹部受到踢打，以及让羊只经过狭窄的通道而使腹部受到严重挤压；吃的饲料发霉或冰冻，饮用的水较冷；药物使用不当如在治疗发热性疾病时，使用了地塞米松等因素均可引起流产。

152 不孕症由哪些原因引起？

不孕症是指母羊长期或暂时不能怀孕，其原因复杂且受多种因素的影响。但通常是由于母羊生殖器官疾病或全身疾病、饲养管理不合理、配种不当等所引起。

1）生殖器官发育异常：生殖器官异常发育的情况有子宫发育不全、缺乏子宫颈、双子宫颈、输卵管不通、两性畸形（母羊具有两性生殖器官，外观上会阴较短、阴门狭小、阴蒂特别发达似龟头）、阴道闭锁、尿道瓣过度发育等，一般没有治疗价值。

2）生殖器官炎症：感染细菌、病毒所造成的生殖器官炎症，在羊的不孕中占有的比例较大，具体防治方法见阴道炎、子宫炎等各节。

3）饲养管理不当：母羊不孕症中最为常见的原因是饲养管理不当。

① 饲料的品种单一、量不足或品质不佳，会使母羊营养不平衡、机体瘦弱，造成生殖系统发育幼稚、机能减退或受到破坏，而丧失正常机能，在到达性成熟年龄之后，也无发情表现，产后母羊长期休情，或发情表现较弱，性周期紊乱，发情不排卵等。特别是当维生素 A 缺乏时，子宫黏膜上皮及卵细胞发生变性；维生素 B 缺乏时发情周期不规律，性腺变性；维生素 E 缺乏时，可引起胚胎的早期死亡和被吸收。

② 精饲料过多，能量过剩，引起母羊肥胖，卵巢发生脂肪变性浸润，以致减退卵巢机能，长期不发情、发情较弱或发情而不排卵。

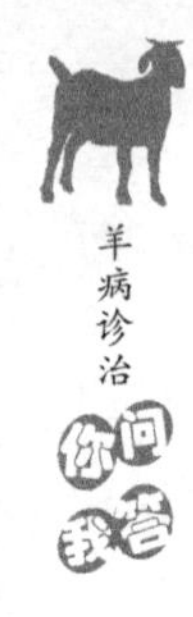

③ 管理不当。母羊长期生活在潮湿、寒冷的圈舍内，缺乏经常性运动。在外界气温突然改变，光照不足，或突然改变母羊生活的环境条件等，均可降低母羊机体的新陈代谢机能，而影响母羊的生殖机能。

153 如何处理羊的关节扭挫？

关节扭挫是指关节的韧带、囊及周围组织的非开放性损伤，多发生于肩、腕、膝和髋等部位的关节，又叫扭伤和挫伤。

【处理】 伤后1~2天内，包扎压迫绷带或冷敷，根据情况注射止血药，如10%的氯化钙、维生素K_1等。48小时后采用热敷疗法：如温敷、石蜡疗法、40~50摄氏度温水温蹄浴，每天2次，每次1~2小时，目的是让关节腔内积聚的多量血液较快吸收。如果不能被较好吸收时，可进行关节腔穿刺吸出腔内血液，再缠以压迫绷带。此过程须严格消毒以防感染。还可肌内注射安乃近、安痛定（阿尼利定）等解热镇痛药类药物；患部用醋调制的复方醋酸铅散或者速效跌打膏涂擦；也可涂擦轻度皮肤刺激剂如10%樟脑酒精、碘酊樟脑酒精合剂（10%樟脑酒精80毫升+5%碘酊20毫升）；为促进炎性渗出物的吸收，可进行缓慢的运动。对重度扭挫如韧带、关节囊断裂，关节内骨折等情况应装石膏绷带。

炎症转为慢性时，可用碘樟脑合剂（碘片20克、95%的酒精100毫升、乙醚60毫升、精制樟脑20克、薄荷脑20克、蓖麻油25毫升）涂擦患部，每次5~10分钟，每天1次，连用5~7天；还可外敷扭伤散，内服跛行散。

154 如何治疗羊结膜炎？

羊结膜炎是羊眼结膜受到外界刺激和感染后引起的炎症，又叫接触传染性眼炎，绵羊和山羊都常见，夏季多发。其特征是结膜充血、发炎、流泪和分泌物增多。

【治疗】

（1）除去病因 如果是症候性结膜炎，以治疗原发病为主；若环境不良，设法改善环境。

(2) 遮断光线 将患羊放在暗舍内或装上眼绷带；分泌物量多时，不宜装眼绷带。

(3) 使用抗生素眼药水 使用抗生素眼药水，每天2~3次，具有良好疗效。或采用抗生素眼膏，如氯胺苯醇眼膏、氯唑西林眼膏等。有些病例可不治自愈。眼分泌物多而浓稠时，用生理盐水或2%~3%的硼酸水冲洗，再用眼膏或眼药水。

(4) 对症治疗 急性卡他性结膜炎，充血显著的，初期冷敷；分泌物变为黏液时温敷，后再用0.5%~1%硝酸银溶液点眼（每天1~2次），经10分钟后，用生理盐水冲洗。当分泌物减少趋于收缩时，可用0.5%~1%硫酸锌溶液等收敛药（每天2~3次）。疼痛明显的用1%~3%的普鲁卡因溶液点眼。慢性结膜炎的治疗采用刺激温敷，局部用较浓的硫酸锌或硝酸银溶液，轻擦洗上下眼睑，擦后马上用硼酸水冲洗，然后再进行温敷。用中药川连1.5克、枯矾6克、防风9克，煎后过滤，洗眼效果良好。病毒性结膜炎，可用5%的磺乙酰胺钠眼膏涂擦眼内。同时补充维生素A，能加大眼睛的治愈率。

第十章 营养代谢性病

155 羊的代谢性病是什么原因导致的?

羊的营养代谢病是营养紊乱疾病和代谢紊乱疾病的总称。营养紊乱疾病是因为羊机体所需的某些营养物质的量供给不足或缺乏，或者是某些营养物质过量而干扰另外一些营养物质的吸收、利用引起的疾病。代谢紊乱疾病是因为机体内一个或多个代谢过程异常改变导致内环境紊乱引起的疾病。

（1）营养物质的摄入不足 主要是日粮不足或日粮中某些营养物质不足，如硒缺乏症、锰缺乏症、维生素A缺乏症等。近几十年，羊的养殖方式发生了巨大变革，从放牧饲养逐渐过渡到全舍饲饲养，从传统的养殖模式向规模化、集约化转变。一些新的养殖技术逐渐取代传统的人工养殖，日粮供给也从自由采食到工厂化生产。这就会造成日粮不平衡或某些物质的缺乏，从而导致羊发生营养代谢病。

（2）营养物质的消化吸收或者利用不良 羊患有某些慢性消化道疾病，或者消化器官有机能障碍，年龄过大造成机体机能衰退等，都会影响营养物质的消化吸收，从而影响体内的营养物质代谢过程。

（3）营养物质转化需求过多 人们为了追求高产出，针对羊的某一用途或者单一的生产成绩，如产肉量、产毛量等，进行人工选育，培育出高产优良品种。这些良种对养殖环境和营养需求较为严格，如果饲料投入量、营养成分的含量和比例不当，管理措施跟不上，羊群极易出现营养代谢病。现代畜牧业，追求高产出，营养的供给与产出不平衡，管理失误会造成机体内外环境失调，发生营养代谢病。

156 羊的营养代谢病有什么特点？

羊的营养代谢病种类繁多，发病机理复杂；但其发生、发展、临床经过方面有共同的特点。

（1）发生缓慢，病程较长 因为营养物质的不足或者代谢过程异常不会导致机体出现骤然的变化，这是一个缓慢发生的过程。代谢病的发生到出现临床症状一般均需要较长的时间，如几周、数月以及更长时间。更有甚者，长期处于隐性症状，不表现临床症状。

（2）发病率高，以群发为主 几十年前，养羊是以散养、放牧为主，营养代谢病几乎不为养殖户所知。随着养羊业的集约化、规模化生产，代谢病已经发展为重要的群发病，造成的损失也愈发严重。

（3）特殊生理阶段的羊易发生 特别是处于妊娠阶段或者哺乳阶段的母羊，或者是生长发育旺盛的羔羊，在舍饲的情况特别容易发生该类疾病。特殊生理阶段，羊的抗病力相对较弱，生长发育旺盛，营养代谢较快，对营养物质需求量较大，特别是对某些特殊的营养物质缺乏较为敏感。舍饲对羊群的影响不单是活动量的减少，也可能造成光照不足，易发生维生素 D 缺乏，从而导致钙、磷比例失调，出现佝偻病。

（4）呈地方性流行 羊的营养物质主要来源于植物，羊从植物性饲料中获取所需营养物质。我国多数地区土壤中的微量元素存在不平衡现象或者是严重不足的现象。植物生长在土壤中，从土壤获取微量元素，土壤中微量元素没有或不足，植物中同样没有或不足。羊长期饲喂缺乏特殊微量元素的植物，就能造成营养代谢病的发生。我国 70% 的地区属于低硒地区，硒的缺乏可导致幼畜患白肌病。在一些土壤含氟较高的地区，炼铝或陶瓷厂附近，易出现羊的慢性氟中毒病。

（5）临床症状表现多样化 病羊的临床表现大多为贫血、生长

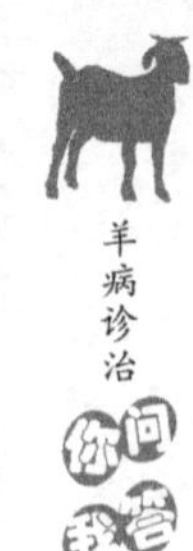

发育迟缓、消化障碍等。某些矿物质的缺乏，如钙、铜、锰、铁、硫，或某些维生素缺乏，或某些氨基酸缺乏均会引起羊的异食癖。维生素A、维生素D、维生素E、维生素C的代谢障碍会影响羊的生殖机能。铁、碘、锰、硒、钙、磷、钴的缺乏会引起贫血。

(6) 无传染病史，体温变化不大 除去个别个体有继发或并发疾病外，营养代谢病羊的体温几乎无变化，均在正常范围或稍偏低。羊与羊之间不发生接触传染，这是该类疾病与传染病的明显区别。

(7) 检测土壤、饲料或血液能查明病因 通过对土壤、饲料和血液的检测分析，一般能够查明病因。

(8) 能够预防和治疗 通过补充某一营养物质或元素，能够预防和控制该类疾病的发生。

157 羊的营养代谢病的诊断要点有哪些?

羊的营养代谢病主要是群发，尤其是以地方流行为主，该类病的诊断极其复杂。需要兽医临床、营养学、病理学、土壤学等专家进行通力合作，共同进行确诊。营养代谢病的病因诊断比较困难，耗费时间长，耗费人力和物力大，但一经确诊，可以迅速防治。该类病的诊断要点见表10-1。

表10-1 羊的营养代谢病的诊断要点

诊断方向	检查内容
临床表现	生长方面：羊群长期生长缓慢，发育停滞 繁殖方面：繁殖机能低下，常有流产、死胎、畸形胎等 行为方面：羊群不明原因的贫血、跛行、脱毛、异食癖
传染病	传染病：体温异常，是否常常升高，个体之间能否接触传染 寄生虫：粪便内虫卵检查，驱虫药能否减轻病情或控制疾病 中毒病：能否检查出可疑毒物
饲料	矿物质：钙、磷、铜、铁、硒、锌等的含量 维生素：维生素A、维生素D、维生素E、维生素C等的含量 拮抗物质：干扰营养物质吸收利用的拮抗物质，如药物能够影响营养物质吸收利用，铜与锌之间相互拮抗，钙与磷的比例失调等

（续）

诊断方向	检查内容
环境	土壤：金属离子含量，特别是铬、镉、铜、锌等；以及残留抗生素以及抗性基因等 植物：主要是植物中微量元素的含量检测 饮水：酸碱度、溶解氧、氨氮、亚硝酸盐、盐重金属离子的含量等
实验室诊断	养殖投入品：饲料、饮水分析可疑成分；病死羊：内脏器官的病变情况，目标组织的可疑成分分析
动物回归及治疗	病例复制：采用非疫区的羊，用可疑饲料和饮水饲养，接受病区同样管理，一段时间后，观察其临床症状、血清成分分析，剖检病变是否与自然发病羊相同；针对营养缺乏病例，补充营养成分因子，能够迅速好转，从而提供可靠的诊断依据

158 怎样防治硒缺乏病？

羊的硒缺乏病常见于羔羊，所以又称为羔羊白肌病。该病主要是因为缺乏微量元素硒或维生素 E 导致的。羔羊白肌病是一种急性或亚急性的运动障碍性疾病，临床症状表现为四肢无力、运动无力，卧地不起，死亡前呼吸困难、昏迷；该病呈地方性同群发病。

【病因】 主要是因为饲料和饮水中微量元素硒的供给不足；还有其他的因素，如应激、维生素 E 及含硫氨基酸缺乏，日粮中不饱和脂肪酸含量过多，生长过快等，也可导致硒缺乏性疾病的发生。硒和维生素 E 有协同作用，种子里面不饱和脂肪酸较多，保管不善，越容易霉变，使维生素 E 丧失，造成硒缺乏。含硫氨基酸主要是参与谷胱甘肽合成，缺乏时导致硒的缺乏。某些应激因素能使原处于贫硒的动物，加快硒的消耗，使硒缺乏病发生。

我国 29% 的地区土壤中缺硒，70% 的地区贫硒。土壤缺硒导致生长的植物缺硒；长期使用缺硒植物饲喂羊只，导致羊发生硒缺乏病。

【临床症状】 各种年龄的羊都能发生该病，但是羔羊的发病率高，尤其是 5～30 日龄的羔羊最易发生，其主要表现为白肌病。在临床上将其发病症状分为急性型、亚急性型、慢性型和隐性型四类。

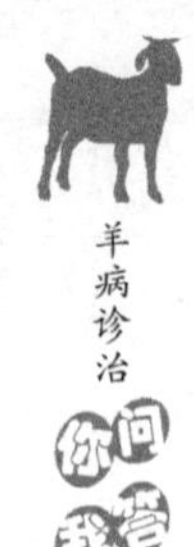

（1）急性型 死前不表现任何临床症状，突然死亡，剖检检查多属于心肌营养不良。

（2）亚急性型 主要发生于1.5~3月龄的羔羊，一般是骨骼肌营养不良。

（3）慢性型 主要见于4~6月龄的羔羊，生产发育缓慢，运动障碍，心功能不全，出现顽固性腹泻。

（4）隐性型 一般表现为消瘦、持续性腹泻。剧烈活动、长途运输等应激因素能够促使其临床发病。

【剖检症状】 全身多部位的肌肉变性，色浅，似煮肉状，有的肌肉呈灰黄色或黄白色的点状、片状或条状等，肌肉横断面呈灰白色、浅黄色斑纹，质地变脆、钙化；心肌扩张，变薄，左心室最为明显，乳头肌有出血点，心内膜和心外膜下有与肌纤维走向一致的条纹斑。其他肌肉变化多为对称性的变化。

【诊断】 临床上出现跛行、站立不稳，呼吸和消化机能障碍；病羊生活的地区处于缺硒地区，每千克土壤中硒的含量小于0.5毫克，每千克牧草中硒的含量小于0.2毫克，病羊的每升血液中硒的含量小于0.01毫克，病死羊的每千克肝脏含硒量小于0.06毫克，可以判断为硒缺乏症。

【防治】 产前母羊的饲料中添加维生素E或者富含维生素E的食物，如小麦、大麦、黄豆等。妊娠母羊以及羔羊饲料中添加维生素E及亚硒酸钠粉剂。妊娠母羊分娩前1个月肌内注射亚硒酸钠维生素E注射液5毫升，3日龄左右的羔羊注射1毫升，第15天和第45天再口服亚硒酸钠维生素E。缺硒的地区，每4个月注射1次，剂量为每千克体重0.2毫克。常年圈养舍饲羔羊在补充精饲料时，按每千克精饲料中添加0.15毫克硒。

159 如何防治羊的钙缺乏病？

羊的钙缺乏主要表现为佝偻病，该病属于全身性疾病，成年绵羊表现为骨软症，山羊表现为纤维性骨营养不良。佝偻病主要是由于钙磷缺乏或者是二者比例严重失调导致的；也可由维生素D缺乏导致钙磷代谢障碍和骨组织钙化障碍，严重者骨骼出现畸形。饲料

中钙磷比例不当或缺乏，以及其他原因的营养不良，也可诱发该病。

绵羊骨软症：是软骨内矿化作用后发生的一种骨营养不良。骨盐的吸收作用大于沉积作用，骨中的钙、磷重新进入血液，使骨质呈现疏松或者是未钙化的骨基质。临床上表现为跛行、骨折、异食癖和消化紊乱。

山羊纤维性骨营养不良：主要是骨组织进行性脱钙，骨质被破坏，并被增生纤维组织所代替，出现站立和运步困难，严重者卧地不起，是一种慢性病。

【病因】 日粮中钙、磷比例严重失调，当钙∶磷小于1或者是钙∶磷大于7时，羊群会迅速发生骨软症；钙、磷缺乏的同时，缺乏维生素D；妊娠后期或者泌乳期母羊，由于钙流失过多，可能发生骨软症。

【症状】 有异食癖，啃咬垫草，吞食胎衣等；继而出现不明原因的一肢或多肢跛行，或交替出现跛行；拱背站立，经常卧地，不愿起立；骨骼肿胀、变形、疼痛；尾椎骨移位、变软；肋骨与肋软骨结合部肿胀，易折断。

【诊断】 日粮成分分析，以及问询是否处于特殊生理阶段，血磷浓度下降，血钙浓度正常或者升高。结合治疗效果，该病不难诊断。

【防治】 该病的初期，如出现异食癖补充骨粉，可以不药而愈。严重病例，如出现跛行，除给予骨粉外，还应补充磷，可用20%的磷酸二氢钠300~500毫升静脉注射，或是3%的次磷酸钙1000毫升静脉注射，每天1次，连用3~5天。治疗同时，补充维生素A和维生素D，日粮中增加麸皮和米糠的供给。

160 如何防治羊的镁缺乏病?

羊的镁缺乏病又称为低镁血症，是因为青草、麦类牧草中毒引起羊的高度致死性疾病。该病主要以血液中镁的浓度下降和钙的浓度下降为特点，主见于泌乳期的母羊。

【病因】 在泌乳期，母羊摄入镁的量不足，不能从饲料中摄取本身需要的有效镁；或因春节到来，羊群从舍饲吃干草和青贮饲料，

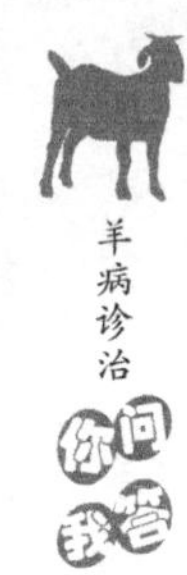

突然放牧吃幼嫩多汁的青草，青草中镁的含量不足，同时，青草中镁的吸收、利用率也较差，从而导致羊群发生低镁血症。钙与镁吸收的部位是共同的，因此导致钙镁之间相互拮抗，钙的吸收过多会导致镁的吸收减少。机体内甲状旁腺激素对镁的吸收利用有明显影响，甲状旁腺激素分泌过多，以及应激因素都能导致低镁血症发生。

【症状】 一年四季均可发生，春季最易发生。以麦类牧草为主要饲料（如燕麦、大麦等）来源的羊群，发病率最高；特别是生长早期的麦苗易导致该病的发生。根据临床表现和病程分为三个类型：急性型、亚急性型和慢性型。

（1）急性型 羊只在采食的途中突然停止采食，甩头、嘶叫、奔跑、肌肉抽搐、步履蹒跚、跌倒、四肢强直，呈现阵发性痉挛。痉挛期间，牙齿紧闭，眼球震颤，口吐白沫，耳朵立起，眼睑退缩。该症状属于间歇性发作，伴有体温升高、呼吸和脉搏加快，通常在0.5～1小时内死亡。

（2）亚急性型 病程3～4天，病情呈渐进性经过；初期，食欲不振，四肢运步不自如，对触摸和声音敏感，排尿过频，产奶量下降，肌肉发生震颤，牙齿紧闭，症状似破伤风症状，后肢和尾部有轻度强直，用针刺病羊，引起强烈的惊厥。

（3）慢性型 除了血浆中镁离子浓度下降外，不表现明显临床症状。有时出现反应迟钝，不活泼，采食无选择性。慢性型能转化成急性型和亚急性型，也可能在转化成亚急性型的过程中恢复。

【病理变化】 除血镁浓度下降外，血钙、血磷浓度也降低，而血钾浓度升高。

【诊断】 羊群养殖方式发生变化，从圈养到放牧，从吃干草、青贮饲料到多汁鲜嫩的青草；临床表现为运动不协调，肌肉震颤、后肢强直等，与破伤风症状相似；血液检查，血镁、血钙和血磷浓度下降。综合以上内容可以进行确诊。

【防治】 急性型和亚急性型一般都来不及救治。临床上用50毫升25%的葡萄糖硼酸钙和5%的次磷酸镁混合液进行静脉注射；也可用20～30毫升，20%的硫酸镁进行一次皮下多点注射；血镁浓度在经过上述治疗后会迅速恢复正常水平，但3～6小时后，又会下

降。预防时，每天给予7克镁，对防治低镁血症效果较好。

161 如何防治羊的硫缺乏病？

硫元素对生长无促进作用，但有利于合成生命活动所必需的牛磺酸。硫元素在畜体内主要存在于蛋氨酸、胱氮酸、半胱氨酸等含硫氨基酸中。羊只如果硫的摄入量不足，会产生被毛生长不良，舔毛，吞食脱落的毛，严重时引起真胃的毛球阻塞症。硫缺乏症主要见于绵羊。

【病因】 饲料中长期缺乏无机硫、蛋氨酸、胱氨酸等含硫物质，引起硫缺乏症。绵羊每年一般剪2次毛。饲料长期缺乏含硫物质，会导致被毛生长不良，换毛延迟，有的羊只被毛脱落后，迟迟不能生长。

【症状】 饲料中含硫物质的缺乏会导致羊只的食欲下降，消瘦，吞食地上的毛，出现异食癖。奶用羊，每泌乳1升需要供应0.5克的硫；毛用羊，每产1千克毛，要给予70克硫。饲料中长期缺乏硫，羊的产奶量和产毛量都要减少。羊只常常吞食脱落的毛，在真胃、幽门或小肠引起阻塞，出现腹胀、不排粪、磨牙和腹痛等症状。

【诊断】 明显的异食癖，主要表现为食毛，结合被毛生长情况，可以判断出该病。

【防治】 在饲料中应添加硫或者含硫氨基酸，羔羊的饲料应添加0.64%的蛋氨酸，或者是1.27%的硫酸钠；成年羊，每天应给予0.48克硫。

162 如何防治羊的维生素A缺乏病？

维生素A的主要生理功能是保护上皮组织，特别是保护黏膜和维护视力正常，还可以提高个体的繁殖和免疫功能，调节碳水化合物代谢和脂肪代谢，促进生长。缺乏维生素A时，表现出的主要症状有生长缓慢，骨骼畸形，生殖能力减弱，夜盲，出现死胎或畸形胎。

【病因】 维生素A主要来源于动物性饲料，如奶、鱼肝油和蛋黄中，其他的一些动物性饲料几乎不含实际可用的维生素A。植物

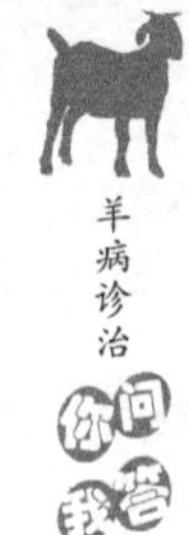

性饲料中，也不含真正的维生素A，但是β-胡萝卜素及其衍生的类胡萝卜素可以在动物的肠壁中转化为维生素A。类胡萝卜素在胡萝卜、青草、黄玉米中含量丰富，在谷类、米糠和麸皮等中的含量较少。不补充青绿饲料，长期饲喂配合日粮容易导致维生素A缺乏症发生。饲料加工过程的温度不当，储存的时间过长，均可影响饲料中维生素A的含量。黄玉米储存的时间6个月以上，大约60%的类胡萝卜素可被破坏；饲料在制粒的过程中，约32%的β-胡萝卜素可丧失。

维生素A不能通过胎盘屏障，初生的羔羊体内含量较少，容易患该病。初乳中，维生素A含量较高。初乳是初生羔羊获得维生素A的唯一来源。出生后，由于种种原因没有吃到初乳的羔羊，特别容易发生维生素A缺乏症。

妊娠阶段和哺乳期的母羊，生长期的羔羊，长期患腹泻病和热性疾病的羊，对维生素A的需求量都较大，如果不额外补充维生素，也容易产生维生素A缺乏症。

胆汁酸分泌不足，日粮中脂肪含量过少均可直接或间接地引起维生素A的吸收利用不足；维生素E可促使维生素A的吸收，也可作为抗氧化剂防止维生素A在肠内被氧化。如果饲料中蛋白质含量过少，也会影响维生素A的吸收率，致使维生素A不足，导致体内维生素A缺乏。

【症状】 主要是夜盲症，繁殖能力障碍，有神经症状，抗病力减弱等几个方面。

（1）夜盲症 夜盲症是属于维生素A缺乏的早期症状之一，在自然光线不佳的情况，如早晨、黄昏以及月光下看不清物体。

（2）繁殖机能障碍 主要表现为公羊的精液品质下降；母羊发情周期紊乱，受胎率下降，胎儿发育不良，先天缺陷，畸形胎或胎儿被吸收、流产、早产和死胎。

（3）神经症状 主要是因为脑脊液压力增高，出现阵发性痉挛和共济失调，以及后躯瘫痪。

（4）抗病力减弱 初生羔羊产生维生素A缺乏症，体质孱弱，容易发生支气管炎和气管炎，死亡率升高。

【诊断】 初生的羔羊，突然出现神经症状，夜盲；母羊出现流产、死胎、胎儿畸形，以上症状均可怀疑为维生素 A 缺乏。实验室检测血浆维生素 A 以及胡萝卜素的含量可见明显减少。

➲【提示】 该病注意与低镁血症、脑灰质软化症、魏氏梭菌毒素中毒、脊髓炎等病鉴别诊断。

【防治】 治疗用维生素 A，效果极好。治疗剂量，每千克体重 133 微克，皮下注射。出现神经症状的羊只，治疗后 48 小时脑脊液压力恢复正常；夜盲症的羊只，恢复时间较长。

预防时，在饲料中添加维生素 A，每千克体重补充 9 ~ 24 微克；妊娠和泌乳母羊是常规需要量的 1 倍。

163 如何防治羊的维生素 D 缺乏病？

维生素 D 的主要生理功能是参与钙、磷的代谢，调节钙、磷代谢，直接影响骨骼的生成。维生素 D 的缺乏，幼羔主要表现为佝偻病，成年羊表现为骨软症。

【病因】 维生素 D 属于固醇类衍生物，天然维生素 D 分为维生素 D_2 和维生素 D_3 两类。维生素 D_2 主要来源于植物，是植物中的麦角固醇经过紫外线照射后产生的，称为麦角钙化醇；商品的维生素 D_2 是酵母经过紫外线照射生产的。维生素 D_3 是哺乳动物皮肤中 7-脱氢胆固醇经过紫外线照射产生的，也称为胆钙化醇。

维生素 D_2 和维生素 D_3 都要在机体内的肝脏以及肾脏内进行转化后，才能参与钙的吸收、转运和动员。

冬季阳光不足，加之羊群长期圈养，体内合成的维生素 D_3 过少，就可能导致羊群的维生素 D 缺乏。幼嫩的牧草中维生素 D_2 的含量较少，羊群长期饲喂嫩草也可能导致维生素 D 的缺乏。由于维生素 D_2 和维生素 D_3 都要经过肝脏、肾脏进行转化后才能利用；肝脏、肾脏功能差的羊，也可导致维生素 D 缺乏。

羔羊对维生素 D 的需求量较大，而羔羊的维生素 D 外部来源于乳汁，内部来源于皮肤内合成。母乳中的维生素 D 含量不足，或者是皮肤合成量小，均会造成维生素 D 的缺乏。

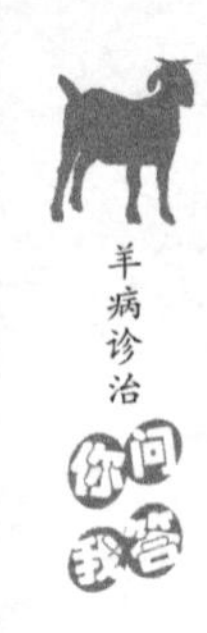

饲料中的维生素 A 和维生素 D 是拮抗的，成熟的植物中维生素 D 的含量较高，幼嫩的植物中维生素 A 的含量较高。当饲料中维生素 A 或者胡萝卜素的含量太高时，会干扰和阻碍维生素 D 的吸收，造成维生素 D 的缺乏。

【诊断】 本病诊断的依据主要是饲养模式为长期舍饲，饲料中未添加维生素 D；X 射线检查肋骨与肋软骨出现串珠状增大，碱性磷酸酶（AKP）活性升高。

【临床症状】 主要表现为生长迟缓，异嗜癖；喜卧不活泼，卧地起立缓慢，跛行，行走步态摇摆，四肢负重困难，触诊关节有疼痛反应。病程稍长则关节肿大，以腕关节、球关节较明显；长骨弯曲，四肢展开，形如青蛙。患病后期，病羔以腕关节着地爬行，躯体后部不能抬起；重症者卧地，呼吸和心跳加快。

【预防】 加强怀孕母羊和泌乳母羊的饲养管理，饲料中应含有较丰富的蛋白质、维生素 D 和钙、磷，并注意钙、磷配合比例，供给充足的青绿饲料和青干草，补喂骨粉，增加运动和日照时间。羔羊饲养更应注意，有条件的喂给干苜蓿、胡萝卜、青草等青绿多汁的饲料，并按需要量添加食盐、骨粉、各种微量元素等。

【治疗】 用维生素 A、维生素 D 注射液 3 毫升肌内注射；精制鱼肝油 3 毫升灌服或肌内注射。补充钙制剂可用 10% 的葡萄糖酸钙注射液 5～10 毫升。

164 如何防治羊的维生素 E 缺乏病？

维生素 E 是一种必需营养物质，具有很强的抗氧化作用，可防止脂肪化合物、维生素 A、硒、半胱氨酸、胱氨酸和维生素 C 的氧化作用，能够提高维生素 A 的吸收；同时，维生素 E 是一种很重要的血管扩张剂和抗凝血剂。

维生素 E 又称生育酚，主要生理功能是与生殖有关，其抗氧化作用能够保护细胞膜。当维生素 E 缺乏时，主要症状表现为羔羊白肌病。

【病因】 维生素 E 广泛存在于动物性和植物性饲料中，胚芽中含量较多，一般情况下不易发生缺乏。由于维生素 E 是抗氧化剂，特别容易因暴晒、发酵、浸泡、烘烤而失去效果。维生素 E 也是脂溶性的维生素，它随脂肪进入体内后，需要胆汁消化才能被吸收。因此，发生下列几种情况，能够导致维生素 E 缺乏。

1）饲喂羊群秸秆类、根茎类饲料，缺乏精饲料；或者是饲喂用化学浸油法浸提过的饼粕。维生素 E 在上述饲料中的含量较少，易发生维生素 E 缺乏症。

2）谷物在收获过程中被暴晒、浸泡、发酵或者发霉，其中维生素 E 损失过多，没有注意及时补充维生素 E，易发生维生素 E 缺乏症。

3）因肝脏或胆囊疾病导致胆汁分泌不足或者是排泄受阻，也可发生维生素 E 缺乏症。

4）精饲料用的粮食湿度过大，储存时间超过半年，维生素 E 的含量会大大降低，日粮中含硫氨基酸和硒缺乏，均可促使该病的发生。

【症状】 羔羊白肌病是绵羊发生维生素 E 缺乏症的典型病例。主要表现为肢体僵硬，尸体剖检可见心肌和骨骼肌的白色变性纹。生病羔羊体弱，易并发肺炎，不吃奶，最后心衰而亡。

【诊断】 根据群体疾病症状，结合临床症状及特征性病例变化，可做出诊断。该病在诊断时要注意与传染性脑脊髓炎、中毒性脑病、肝病以及单纯性的硒缺乏症进行鉴别诊断。

【预防】 寻查病因，及时更换饲料，增加维生素 E 的供给，或及时补充维生素 E。夏季时，增加新鲜青绿饲料；冬季时，时常给予青草粉、苜蓿粉和微量元素硒。炎热季节，气温超过 40 摄氏度，饲料中的脂肪会迅速变质。因此，饲料保存时间不能过长。

【治疗】 主要用维生素 E 制剂——醋酸生育酚，每千克体重给予 5～20 毫克，皮下或肌内注射，每天或隔天一次，连用 10～15 天。也可用维生素 E 胶囊，口服。

165 羊的妊娠毒血症怎么防治？

除了矿物质和维生素缺乏症外，羊的妊娠毒血症也属于常见的

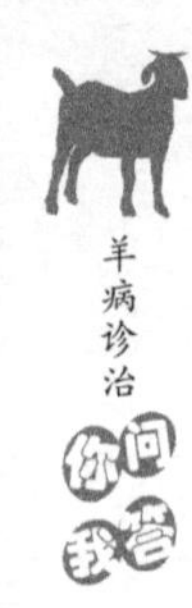

营养代谢紊乱性疾病。羊的妊娠毒血症是碳水化合物和脂肪代谢障碍的表现，实际上是羊的酮病。临床上是以低血糖、高酮体、虚弱和瞎眼为特征。

【病因】 怀孕母羊怀双羔、三羔，或者是一羔但胎儿巨大，在妊娠的后期易发生该病。主要是因为妊娠后期，胎儿生长发育快，机体不能满足胎儿发育所需的营养，动用了母体内糖原、体蛋白、体脂肪，引起代谢紊乱，从而引起肝脏机能受损，体内酮体生成增加，导致该病的发生。在草地载畜量过大的情况下，草地生长不良，饲草营养水平下降，突然短期（48 小时内）的饥饿也能诱发妊娠毒血症。运动不足、应激也可诱发该病。

【症状】 主要发生在妊娠期的最后 1 个月内，以分娩前 10 ~ 20 天为主，也有发生在分娩前 2 ~ 3 天的。临床表现为：离群独处，双目失明，鸣叫，不愿移动。呼出气体有明显的铜臭味，粪便干燥，便秘，磨牙，后期出现肌肉震颤，头不自主摇动，唇扭曲，流涎，空嚼，严重者头颈弯曲，角弓反张，肌肉震颤可扩散到全身，躺卧不起，1 周左右死亡。幸存的母羊，常常发生难产，羔羊虚弱，出生后不久便死亡。

血液指标：血糖浓度下降，从正常羊的血糖浓度 3.33 ~ 4.99 毫摩尔/升降至 0.14 毫摩尔/升；β-羟基丁酸浓度从正常的 0.47 ± 0.06 毫摩尔/升，升高达 8.50 毫摩尔/升；游离的脂肪酸、皮质醇浓度也升高；尿液中的酮体呈强阳性。

【诊断】 怀孕后期出现神经症状、失明、呼出气体中有铜臭味，1 周左右死亡，血糖浓度降低，酮体浓度升高，依据这些可以判断该病。

鉴别诊断时，注意与李氏杆菌、伪狂犬病相区别。

【防治】 怀孕后期加强营养，特别是最后 2 个月内，喂精饲料，保证粗蛋白质的含量。

该病的治疗原则：补糖、保肝、解毒。

静脉注射或者口服葡萄糖。500 毫升 20% 的葡萄糖溶液，缓慢静脉滴射，同时配合肌内注射胰岛素；口服葡萄糖时，50 克葡萄糖加 200 毫升水溶解，每天 2 次，连用 3 天。也可每天口服丙酸钠 110

克，或者丙二醇20毫升，或者甘油20～30毫升。为了纠正酸中毒，可静脉注射碳酸氢钠。

肌内注射地塞米松25毫克，静脉注射葡萄糖，同时注射钙、磷制剂。

上述方法无效时，可人工引产胎儿，当胎儿产出后，症状迅速消失。

第十一章 中毒病

毒物能够对机体产生损伤，引起疾病。常见的毒物分为生物性毒物和非生物性毒物两类。生物性毒物有各种有毒植物，蛇毒或某些微生物以及代谢产物，如黄曲霉菌，镰刀菌等以及这些细菌产生的毒素。非生物性毒物包括农药，化学药品，矿物元素以及化工副产品等。中毒病根据病因可以分为自然性中毒和人为中毒两类。

166 羊中毒病发生的主要原因有哪些?

羊中毒病发生的原因较多，主要有以下几种：

(1) 饲料中毒　因为饲料或饲草保管不恰当，发生霉变，玉米、甘薯等发生腐败，饲喂羊只后，能够导致羊发生中毒。

饲料含有有毒成分，如再生高粱苗、玉米苗，冬季种植的黑麦草，春夏种植的玉米草和苜蓿草中含有氰酸类配糖体的毒素；发芽的马铃薯中含有有毒物质马铃薯素；棉籽饼中含有棉酚。羊采食了这些饲料就会发生中毒性疾病。

(2) 误食毒物和毒草　农区常见的毒物是农药，农药保管不严，混入饲料和饮水；羊群误食用农药拌的种子，或用除草剂喷洒过的植物，均能导致中毒。一些有毒植物，北方的醉马草、蓖麻和毒芹等，南方的紫云英、青冈树叶等，羊在饥饿的情况下误食这些植物，往往导致中毒。

(3) 临床治疗药物剂量过大　任何药物都有毒副作用，临床上使用超过剂量，或体表全身喷洒杀虫剂或大剂量口服驱虫药，也能导致羊发生中毒。

（4）工业污染后的污水和废气 一些厂矿，如氟石矿厂、磷灰石矿厂、磷肥厂、铜钼矿厂等，附近地区的饮水中含有过量的金属元素以及氟元素，羊长期引用污水，会发生慢性中毒病。

（5）生物性毒物中毒 主要是毒蛇咬伤、胡蜂蜇伤等。

167 羊发生中毒病有哪些临床症状?

羊中毒后按临床症状出现的快慢分为急性中毒和慢性中毒两类。

（1）急性中毒 主要临床症状为突然群体发病，症状相同或相似。体格健壮，食欲好的羊只，发病多、快，而且症状严重，多系统出现症状。体温不升高，且略降低，瞳孔散大或缩小。

1）神经症状：脑膜受到刺激引起，表现为兴奋不安、步态不稳、肌肉痉挛等症状。有的出现精神沉郁，嗜睡，反应迟钝或消失，眼球震颤，斜视，瞳孔散大或缩小，视力减弱或消失，面部神经麻痹，出现嘴歪，唇下垂。

2）消化系统症状：食欲不振或废绝，流涎，口吐白沫，呕吐，磨牙，腹泻等。

3）泌尿系统症状：血尿、蛋白尿等。

4）循环系统症状：心力衰竭，脉搏微弱，可视黏膜发绀，心动过速，心律不齐。

（2）慢性中毒 临床症状出现慢性消化不良，食欲下降，异食癖，消瘦和贫血等。

168 羊中毒病有哪些诊断要点?

中毒病与传染病一样，临床上控制该病需先确诊病因。中毒病的诊断有一定的程序，需要根据病史、临床症状、剖检变化、毒物化验结果以及动物实验结果进行综合判定。

（1）病史 注意了解羊群的饲料种类、质量、保存方式以及加工方法；饮水的来源，质量，有无被有毒物质污染的可能；了解养殖场以及周边农户农药保管和使用情况；了解治疗用药的种类、剂量、配伍和用法；了解养殖环境周边的社会情况。

（2）临床症状 发病突然、成批，临床症状基本相同，健壮羊

只发病多而且病情严重；体温不升高或略降低；常伴有神经症状。

以上几点临床症状为中毒病的共同症状。各种毒物中毒后，还有其特殊的症状。如，有机磷中毒后，呼出气中有大蒜味，瞳孔缩小，流涎等；青冈叶中毒后，瘤胃鼓气，皮下水肿，全身肌肉震颤等。

（3）剖检变化 中毒常常引起多个器官发生实质性损伤；尸体剖检一般有两个以上器官发生病变，主要表现为实质器官的变性、消化道黏膜炎症等。

（4）毒物化验 根据病史、临床症状等结果，采集可疑的饲料、饮水、胃肠内容物、血液、尿液、乳汁、肝脏或肾脏等，进行化验，查明毒物的种类以及含量。

（5）动物试验 可选用本动物或者小白鼠、家兔等动物进行试验。将发病羊的病理材料饲喂试验动物或者用提取物注射试验动物，观察试验动物的临床症状是否与发病动物相符。

169 羊中毒病有哪些治疗原则？

毒物通过不同的途径进入羊体内，在循环系统的作用下分布到全身各处，但它在各组织和器官的分布和数量是不同的。脂溶性的毒物，如苯及其衍生物、有机氯农药、某些金属化合物，主要分布在脂肪组织。有一些毒物对某种组织具有亲和力，氟进入体内后，主要分布在骨骼和牙齿；洋地黄进入羊体后，主要在心肌；消化道进入的毒物，被消化道的黏膜吸收后，经门静脉系统进入肝脏。羊的中毒病，治疗时采取的措施主要是排毒、解毒、保肝利胆、对症治疗等。

（1）排毒 毒物从机体内排除的途径对于诊断和治疗中毒病具有重要意义。在大小便、血液中找到毒物，对诊断很有价值；毒物的主要排出途径为呼吸道、消化道和肾脏等，知道毒物的排泄途径，在治疗的时候，可以设法加速排除。

（2）冲洗 毒物在体表，可用清水或者与毒物有拮抗的物质溶液冲洗体表。农药通过体表中毒时，用肥皂水或小苏打水冲洗。碱性毒物中毒，一般用醋兑水冲洗。

⚠【注意】 敌百虫遇碱生成敌敌畏，故敌百虫体表中毒时不能用肥皂水或苏打水冲洗。

（3）催吐 毒物通过口服进入机体，初期多在胃里，可采用洗胃的方法排出毒物。一般是中毒6小时内，根据中毒原因采用0.1%高锰酸钾溶液，或是3%～5%的小苏打溶液，或是3%～5%的食用醋反复洗胃。必要时，需用手术切开胃进行排空。

（4）导泻 毒物经口进入体内6小时以上，可用导泻方法，采用盐类泻剂，如硫酸镁、硫酸钠等25～100克，用常水配成5%～10%溶液一次灌服。

⚠【注意】 食盐中毒、升汞中毒、急性胃扩张、小肠梗阻、便秘后期不能使用盐类泻剂；脂溶性毒物中毒，不能使用油类导泻剂。

（5）放血或利尿 毒物主要在血液中时，可在浅表静脉，如耳尖、尾尖等部位用刀片切开进行放血；也可采用强心利尿补液，促进毒物从尿液中排出。

（6）延缓吸收 毒物在消化道主要是通过消化道黏膜吸收到达体内的。延缓毒物吸收主要有两种方法，一是阻止黏膜吸收毒物，可用黏膜保护剂，如淀粉、牛奶、豆浆等物质内服；二是采用黏附剂来吸附毒物，如滑石粉、活性炭、白陶土等物质内服。

（7）解毒 在不清楚毒物种类的情况下，使用常规的解毒方法；知道毒物种类的情况下，采用特效的解毒药物，或是有效的解毒方法进行解毒。

1）常规解毒：甘草中的甘草酸对某些毒物具有解毒作用。绿豆含有丰富的蛋白质、碳水化合物、B族维生素、钙、磷、铁、淀粉酶、氧化酶等，有强力解毒功效，可以解除多种毒素。茶叶中含有茶多酚，对解毒有一定的功效。临床上，常用甘草、绿豆和茶叶的水煎剂口服。

2）输液解毒：25%的葡萄糖溶液500～1000毫升，5%的维生素C注射液20～30毫升，加入10～20毫升的20%安钠咖，静脉

注射。

3）化学解毒：针对重金属毒物中毒，主要是使毒物在体内生成沉淀，减少吸收。

① 银中毒：口服氯化钠，生成氯化银沉淀。

② 铅、汞中毒：口服硫代硫酸钠，生成硫化铅或硫化汞沉淀。

③ 砷中毒：口服硫酸亚铁，生成砷酸铁沉淀。

④ 生物碱中毒：口服鞣酸、单宁酸。

⑤ 无机磷中毒：口服硫酸铜。

⑥ 氧化物中毒：采用强的还原剂，如1%的高锰酸钾或1%的双氧水口服。

⑦ 碱性毒物中毒：口服醋酸或稀盐酸。

⑧ 酸性毒物中毒：口服小苏打。

4）特效解毒：有机磷酸酯类中毒，用解磷定静脉注射，用量按说明书进行。但是，解磷定对马拉硫磷、敌百虫、敌敌畏等中毒的治疗效果较差。

① 氯化物中毒：亚硝酸钠与硫代硫酸钠联合使用，先注射3%亚硝酸钠注射液10～20毫升，再注射25%硫代硫酸钠注射液50～100毫升，二者不能混合注射。

② 亚硝酸盐中毒：用美兰（亚甲蓝）治疗，每千克体重1～2毫克注射或口服，每隔4小时再使用1次。

③ 砷、铋、锑、镉等重金属中毒：用二巯丙醇肌内注射，每千克体重2.5～4毫克，前两天，每4～6小时注射1次；3天以后，6～12小时注射1次。

5）生理解毒：用适当的药物减弱或者消除毒物引起的病理反应。有机磷中毒，用阿托品抑制胆碱能神经的过度兴奋。马钱子中毒，用中枢抑制药巴比妥或水合氯醛等。

① 心脏衰弱时：肌内或静脉注射2～5毫升安钠咖注射液，加强心脏功能。

② 呼吸衰弱时：每天0.5～1克肌内注射或静脉注射尼可刹米，兴奋呼吸中枢；必要时1～2小时重复用药。

③ 痉挛时：每只羊静脉慢速注射氨溴15毫克；或肌内注射氯丙

嗪，1～2毫克/每千克体重；或口服水合氯醛2～4克。

④ 脱水时：口服补液盐兑水，自由饮用以恢复体液平衡。

170 羊有机磷农药中毒怎么处理？

有机磷农药种类繁多，根据毒性的强弱一般分为三类：剧毒类、高毒类和低毒类。剧毒类：甲拌磷、对硫磷和氧化乐果等。高毒类：甲基对硫磷、敌敌畏和亚胺磷等。低毒类：乐果、敌百虫和氯硫磷等。

有机磷农药，除敌百虫外，在碱性水溶液中易分解，失去毒性。敌百虫在遇碱的情况下，会生成毒性更强的敌敌畏。对硫磷、甲拌磷和乐果等经过氧化后，毒力增强。

【病因】 一旦羊群吃了有机磷农药污染的牧草或是饮水，或是驱虫时使用药物过量，易导致有机磷农药中毒。在农区养羊，羊群主要放牧在庄稼地周围。田边地角的牧草，很容易被有机磷农药污染。

【症状】 羊发病突然，食欲废绝，大量流涎、流泪、口吐白沫，瞳孔缩小，视力减退或失明，排粪次数频繁，可视黏膜苍白，呼吸困难；病羊还出现狂躁不安，共济失调，肌肉痉挛、震颤现象。晚期，病羊癫痫状抽搐，脉搏和呼吸减弱，四肢发冷，出汗，呼吸肌出现麻痹，最后窒息而死。

【防治】 防治的原则按中毒病治疗原则处理。尽快解除羊与毒物的接触，经口食入毒物的羊只，尽早洗胃；体表中毒的羊只，用温水冲洗体表。

有机磷中毒使用特效解毒药，解磷定和阿托品联合使用，尽快、足量、反复使用阿托品，阿托品一般可用2倍使用剂量，剂量为10～30毫克，皮下或静脉注射，每隔1～2小时，再注射1次。解磷定1～2克，配成2%～5%的溶液静脉注射，隔4～5小时给药1次。

脱水严重的病羊，静脉注射5%的葡萄糖生理盐水注射液500～1000毫升；心脏功能差的病羊，用10%的安钠咖注射液静脉注射。

171 羊有机氯农药中毒怎么处理？

有机氯农药按其原料分为以苯为原料和以环戊二烯为原料两类。

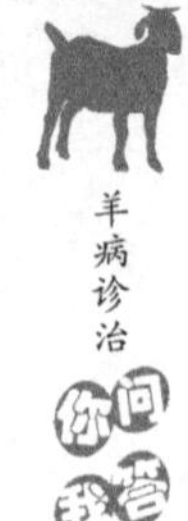

以苯为原料的农药使用最早，应用广泛，如杀虫剂DDT、六六六和三氯杀螨砜等。以环戊二烯为原料的杀虫剂有氯丹、七氯等。有机氯杀虫剂不易分解，不易溶于水，脂溶性强，该类农药在环境中和生物体内消除时间长，呈现慢性蓄积性，环境中的有机氯农药还能通过食物链危害生物。

【病因】 用有机氯杀虫剂杀灭羊体表寄生虫过量或是蓄积性的慢性中毒。

【症状】 轻度中毒的羊只，仅出现食欲减退，人为干扰时，羊只表现出兴奋状态，频频眨眼、皱鼻，全身肌肉轻度痉挛。中毒严重羊只表现不安，眼睑和眼球震颤，鼻唇肌肉痉挛收缩，全身肌肉震颤，反刍停止，食欲废绝，心跳过速，癫痫样发作，昏迷，死亡。

【防治】 按中毒病治疗原则处理。将羊体内外的有机氯农药排除，温水冲刷体表；内服中毒的洗胃，胃内灌服碳酸氢钠，同时灌服50%硫酸镁泻剂50～60毫升，促使毒物排出体内。有其他症状的羊，采用对症治疗方法。

> ▲**【注意】** 有机氯农药中毒用泻剂，不能选择油脂类泻剂。该类农药属于脂溶性药物，油脂类泻剂能够加速毒物的溶解吸收。

172 羊的氟乙酰胺农药中毒怎么处理?

氟乙酰胺农药属于有机氟内服杀虫剂，国家在1976年已禁用。该类农药可从多种途径进入机体内，如口服、皮肤黏膜吸收、呼吸道吸收，造成羊中毒。

【病因】 氟乙酰胺一般用于防治蚜虫或者是灭鼠，残留期长。羊食了被氟乙酰胺污染的牧草、粮食或饮水时，发生中毒。

【症状】 氟乙酰胺中毒临床上有急性死亡和慢性发病两类。

急性死亡： 羊食入农药9～18小时后，突然倒地，剧烈抽搐，角弓反张，死亡迅速。由于羊在死亡前可能不表现任何症状，该病也称为羊猝死症。

慢性发病： 羊中毒5～7天后，仅出现食欲减退，不反刍，独处，掉群，卧地，不久死亡。也有羊在中毒第二天表现精神沉郁，食欲减退，反刍减少，过3～5天后，受到刺激发生尖叫、狂奔，全身颤抖，呼吸急促，持续3～5分钟症状会消失。随后反复发作，最后因呼吸抑制和心力衰竭死亡。

【防治】 按中毒病治疗原则处理。先禁止饲喂被氟乙酰胺污染的牧草、粮食和饮水。用解氟灵肌内注射，每千克体重0.1克，每天注射1次。第一次用量为每天用量的一半，一般连用1～3天。灌服白酒80～100毫升，静脉注射10%的葡萄糖200～300毫升。有惊厥病例用镇静药，肌内注射氯丙嗪50～100毫升；呼吸困难的羊，肌内注射尼可刹米1.5～2克。

173 羊氢氰酸中毒怎么处理？

很多植物中含有氢氰酸衍生物氰苷配糖体，如高粱苗、玉米苗、豌豆、蚕豆等植物，羊大量采食了这些植物，即可引起中毒。或者是误食污染氰化钾、氰化钠等氰化物农药的饲料，也可发生氰化物中毒。

【病因】 羊群采食大量的高粱苗、玉米苗、马铃薯苗等，或是饲喂机榨的亚麻饼，或是食了氰化物农药污染的牧草，导致发病。

【症状】 该病的发作较为迅速，一般在氰化物进入体内15～20分钟后出现症状。临床表现为腹痛不安，瘤胃臌气，呼吸急促，可视黏膜呈潮红色，口吐白色泡沫。精神上，先兴奋，后沉郁，随后出现极度衰弱，步态不稳，倒地。严重者，体温下降，后肢麻痹，肌肉出现痉挛，瞳孔散大，全身反射消失，心跳和脉搏减弱，呼吸细微，最后昏迷而死。

【防治】 禁止在富含氢氰酸衍生物氰苷配糖体植物的地方放牧，减少含有氰苷饲料喂养量。发病后，应用特效解毒的高铁血红蛋白形成剂，如亚硝酸钠、亚甲基蓝和硫代硫酸钠进行治疗。亚硝酸钠0.2克，配成5%的溶液进行静脉注射，再用10～20毫升10%的硫代硫酸钠溶液静脉注射；也可用0.1%的高锰酸钾洗胃。

174 羊亚硝酸盐中毒怎么处理？

自然情况下，一些植物富含硝酸盐，如菠菜、卷心菜和萝卜等，

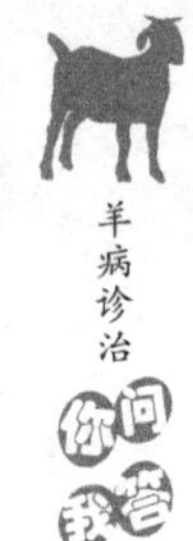

还有嫩的秧苗、青草中均富含硝酸盐。在硝化细菌的作用下，硝酸盐能转化为亚硝酸盐。饲料青贮不当，也能产生亚硝酸盐。

【病因】 羊大量采食富含硝酸盐的植物，或者是饲喂了富含亚硝酸盐的青贮饲料，引起亚硝酸盐中毒。

【症状】 一般在采食富含硝酸盐植物的5小时后发病，呈急性发作，消化道黏膜受刺激后出现胃肠炎，流涎、腹泻和腹痛。出现高铁血红蛋白血症后，可视黏膜发绀，呼吸加快，血液呈酱油色，体温正常或降低，严重者窒息死亡。

【防治】 采用特效解毒和对症治疗方案。按每千克体重1毫克用药，将美兰配制成1%的溶液静脉注射，严重者2小时后重复给药1次。也可用甲苯亚胺蓝，按每千克体重5毫克用药，配制成5%的溶液，可静脉、腹腔和肌内注射。可配合使用维生素C葡萄糖高渗溶液，提高疗效。

175 羊尿素等含氮化肥中毒怎么处理？

尿素是蛋白质分解的终末产物，正常情况下能随尿液排出体外。农业上使用的尿素，属于人工合成的，是一种速效肥料。体内产生的尿素能够正常排出，羊如果过量食用合成尿素，能够导致中毒。

【病因】 正常情况下，羊瘤胃中的微生物能够将人工合成尿素转化为自身需要的蛋白质，在小肠被吸收利用。一些养殖户，用尿素饲喂羊，以达到增重的目的。饲喂尿素的量是有限制的，每天每只羊最多能够消化20~30克尿素，超过剂量后，羊会发生中毒病。另外，羊在放牧的情况下，大量偷食尿素会导致中毒。

【症状】 羊在发生尿素中毒后，出现不安，肌肉震颤，步态不稳，痉挛，呼吸困难，口鼻流泡沫状液体，心跳过速，瞳孔散大。严重者，1~2小时内窒息死亡；轻者，病程可达24小时左右，羊的后躯不完全麻痹，最终死亡。

【防治】 发病初期，病羊灌服300~500毫升食用醋，或者是50~80毫升1%稀醋酸，中和尿素的分解产物。

后期，采用镇静、解毒药物，50~60毫升10%的葡萄糖酸钙溶

液，200～500毫升25%的葡萄糖溶液，20～30毫升10%的硫代硫酸钠溶液，静脉注射。

【提示】尿素喂羊，严格控制饲喂量，发现中毒症状，及时抢救，停喂尿素。

176 羊黑斑病甘薯中毒怎么处理?

黑斑病是甘薯生产上的一种重要病害。甘薯在幼苗期、生长期和储藏期均能发生该病，病斑呈褐色或黑色，味道发苦，不能食用。

【病因】 用黑斑病甘薯，或者是黑斑病甘薯加工后的渣、酒糟饲喂羊，均可导致羊发生黑斑病甘薯中毒，以羔羊和幼龄羊发病率高，病情严重。

【症状】 一般该病多发于秋末或春季甘薯育苗期。羊中毒，多呈慢性经过，采食后24小时发病，初期食欲不振，精神沉郁，体温正常。后期出现张口呼吸，呼吸急促，次数达80次以上，肺部听诊有破裂音，口鼻带泡沫样液体，可视黏膜发绀略带黄染，肩胛部、背部皮下大面积气肿，触诊有捻发音。病羊一般5～6天死亡，急性病例1～3天死亡。

【防治】 治疗原则为排毒，对症治疗。

（1）排除毒物 食入毒物的时间短，尚在瘤胃中时，采用洗胃的方法将其排除。

（2）口服氧化剂 500～1000毫升1%的高锰酸钾溶液，或者100～150毫升1%的过氧化氢，一次灌服。

（3）导泻 1500～2000毫升水，100～150克硫酸钠，150～200克补液盐，灌服。

（4）对症治疗，缓解呼吸困难 50～60毫升3%的过氧化氢，400毫升生理盐水，混匀后静脉注射；或用15～20毫升5%～20%硫代硫酸钠溶液，加0.5～1克维生素C，混匀后静脉注射。

（5）减轻肺水肿 20～30毫升10%氯化钙溶液，100～150毫升50%葡萄糖溶液，5毫升20%的安钠咖溶液，混匀后静脉注射。

（6）治疗酸中毒 50～60毫升5%的碳酸氢钠溶液，静脉注射；30～40国际单位的胰岛素，皮下注射。

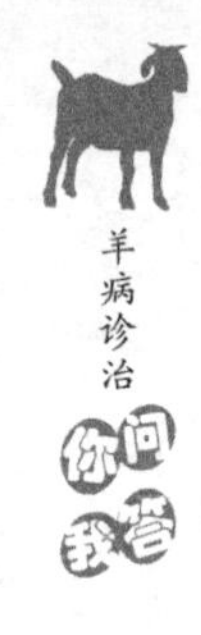

177 棉籽饼引起羊的中毒怎么治疗？

棉籽饼的有毒成分是棉酚，棉酚又包含结合棉酚和游离棉酚，游离棉酚对动物有毒。游离棉酚进入动物体内，不易分解，比较稳定，代谢缓慢，能产生蓄积性中毒。

【病因】 羊采食了未脱毒棉籽饼或者是加工不当的棉籽饼以及棉叶，引起中毒。

【症状】 症状轻微者，体温正常，消瘦，精神不振，食欲不振，消化不良或轻度胃肠炎。

症状严重时，体温升高，食欲废绝，粪便干硬呈枣核状，带有黑色血液，呼吸困难，全身肌肉震颤，血尿，可视黏膜充血，2～3天死亡。

【防治】 不能用未经脱毒处理的棉籽饼饲喂羊，羊在放牧时不能采食棉叶。农户需用棉籽饼喂羊时，棉籽饼用清水煮沸2小时以上再饲喂；养殖场用棉籽饼，需要经过生物发酵处理，添加剂量不得超过日粮的20%；宜采用间隔法饲喂，饲喂2周，停喂2周。

早期食用未脱毒棉籽饼或棉叶后，采用硫酸镁导泻。

发病初期，灌服0.5%的高锰酸钾溶液，或者是3%的碳酸氢钠溶液。

胃肠道有出血时，应用安络血（卡巴克洛）止血；5克鞣酸蛋白质，10克碱式硝酸铋，10～20毫升氢氧化铝凝胶，混匀灌服。

> 【提示】怀孕母羊和幼小羔羊不能饲喂棉籽饼。

178 羊采食蓖麻叶发生中毒怎么处理？

蓖麻茎叶和种子都含有蓖麻毒素和蓖麻碱，叶子还含有氰苷；蓖麻毒素是一种溶血性毒蛋白，能够溶解红细胞，还可作用于中枢神经系统，麻痹呼吸和血管运动中枢，对动物是一种剧毒药。

【病因】 羊大量采食蓖麻叶或者是蓖麻饼，导致中毒。

【症状】 蓖麻叶中毒一般呈急性经过，食欲废绝，腹胀，突然倒地不起，口吐白沫，结膜潮红，呼吸困难，心跳急促，有的病例出现血尿，后期体温降低，最后卧地死亡。

【防治】 不能用蓖麻饼饲喂羊，也不能让羊食蓖麻叶，特别是霜打后的蓖麻嫩叶。

初期用0.2%的高锰酸钾溶液洗胃。皮下注射阿托品，每只羊2~4毫克。可以灌服白糖水，每只羊200克；也可灌服白酒，每只羊50~70毫升，羊羔减半。

严重者，用250毫升复方氯化钠溶液，10毫升10%维生素C，10毫升40%乌洛托品，5毫升10%安钠咖，静脉注射。

179 羊采食青冈叶中毒怎么处理?

青冈树叶中毒较为常见，一般发生在4~5月。青冈树叶的有毒成分是单宁，单宁是一种鞣酸，是水溶性酚类化合物。春季新发的嫩叶毒性最大，也处于牧草缺乏季节，羊大量采食青冈叶后，导致中毒。

【病因】 羊大量采食青冈叶嫩叶以及新鲜的青冈叶发生中毒。

【症状】 初期，出现精神沉郁，食欲减退，反刍减少，瘤胃鼓胀，粪便干结并带黏液和血液。前胸、腹部皮下水肿。后期，腹泻、腹痛，全身肌肉震颤，体温正常，呼吸困难，卧地不起，病程一般是半个月。

【防治】 青冈叶在山区常见，放牧时不能让羊食青冈叶。春季放牧，可以每天放牧前让羊饮用草木灰水，或者是5%的石灰水。

中毒初期，饮用苏打水，用硫酸镁、植物油导泻，减轻中毒症状。

治疗原则，主要是解毒、利尿。150~200毫升10%~25%的葡萄糖溶液，5~10毫升维生素C溶液，5毫升10%的安钠咖溶液，10毫升40%乌洛托品，混匀后静脉注射，每天1次，连用3~4天。

慢性病经过时，宜用中药治疗。

第十二章 生产中常见问题

180 羔羊死亡的主要原因有哪些？怎么处理？

初生羔羊，各个器官的功能没有发育健全，特别是消化系统和免疫系统功能低下，若管理疏忽，疾病以及母体原因都能导致其死亡。导致羔羊死亡的原因归纳起来有以下几点。

（1）母羊原因 枯草季节出生的羔羊，一般母羊都处于身体机能较弱，膘情较差的状况。母羊膘情差，产羔后常出现严重的无乳和少乳现象。因此，冬季和春季出生的羔羊，极容易发生营养缺乏，出现如低血糖、低蛋白血症、白肌病和佝偻病等疾病。此外，母羊体弱，生产时易出现难产，造成延产死亡，以初产母羊易见。

初乳里面富含免疫球蛋白，对疾病有抵抗力。羔羊未吃初乳，容易发生消化不良和腹泻疾病，导致死亡。

【防范措施】 针对母羊原因，规模羊场可以使用同期发情技术，提前配种，避免在寒冷的、缺乏草料的冬、春季产羔，以减少死亡率。散养农户也要有意识，不能有靠天养羊的意识，通过学习和运用现代养殖技术，能够提高羔羊的成活率。

（2）疾病原因 引起羔羊死亡的疾病较多，分为传染病和常规疾病两类。传染病主要引起肺炎和胃肠炎。引起羔羊肺炎和胃肠炎的几种主要传染病见表12-1。

表 12-1　引起羔羊死亡的主要传染病

病　　名	病　　因	临床症状	防　　治
巴氏杆菌病	多杀性巴氏杆菌感染2~12月龄绵羊发病	急性死亡型，无明显症状 急性型，体温升高，呼吸急促，鼻孔出血，初期便秘，后期腹泻，颈部、胸前皮下水肿，2~5天死亡 亚急性型，衰弱，体温升高，消瘦，消化紊乱，眼、鼻有黏液或脓性分泌物，常伴有肺炎或肠炎症状 慢性型，咳嗽频繁，呼吸困难，眼、鼻有脓性分泌物，消瘦，关节肿胀，蹄部有脓性炎症，跛行，食欲减退	常规消毒处理；治疗选用磺胺类药物和青链霉素
链球菌病	β溶血链球菌感染致病	急性型，24小时内死亡，体温升高，背腰拱立，呆立不动，眼结膜充血、流泪，鼻流浆液性或脓性液体，呼吸困难，咳嗽，个别出现神经症状，病期2~3天 亚急性型，病程1~2周，症状与急性相似，体温高低不定，消瘦，嗜睡，食欲减退，有的拉稀，后期病羊叫声嘶哑，跪地不起，有的出现关节炎和肠炎症状，怀孕母羊流产，病程约1个月	接种多价链球菌疫苗进行预防；圈舍消毒处理；治疗用青霉素和抗羊链球菌血清
传染性胸膜肺炎	支原体亚种感染，导致山羊发病	最急性型，体温升高，拒食，呼吸急促，痛苦鸣叫，呼吸困难，剧烈咳嗽，流带血的浆液性鼻液，颈部前伸，唾液下流，黏膜高度充血、发绀，4~5天窒息死亡 急性型，食欲减退，短而湿的咳嗽，流浆液性鼻液，鼻孔有棕色痂皮垢，胸壁疼痛，腰背拱立，腹胀腹泻，7~15天死亡，不死病例转为慢性经过 慢性型，由急性型转变而来，咳嗽和腹泻，体弱，被毛粗乱，易并发其他疾病死亡	自繁自养，不能到疫区引种羊；免疫接种传染性胸膜肺炎疫苗，免疫保护期可达1年以上。治疗药物选用泰乐菌素、长效土霉素等

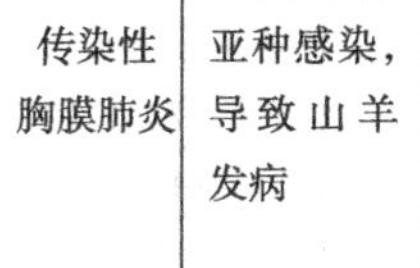

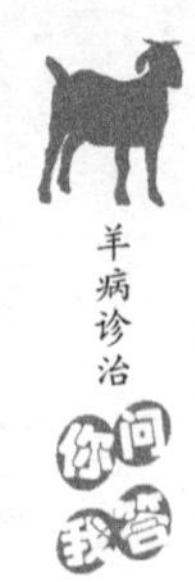

（续）

病　　名	病　　因	临床症状	防　　治
羔羊多发性关节炎	由羔羊多发性关节炎鹦鹉热衣原体感染导致全身性疾病	羔羊体温升高，精神沉郁，食欲废绝，步态僵硬，关节触摸有痛感，一肢或多肢跛行，有个别患羊出现痉挛症状	无预防用疫苗。治疗选用四环素类抗生素
大肠杆菌病	由大肠杆菌引起的一种急性传染病	羔羊大肠杆菌病主要出现2种症状，即败血型和腹泻型 败血型，发生在2～6周龄羔羊，体温升高，精神委顿，眼结膜充血潮红，出现神经紊乱症状，四肢僵硬，步态不稳，视力障碍，头向后仰，一肢或多肢呈划水状，发病后12小时内死亡 腹泻型，主要发生于7月龄内羔羊，临床上以排黄色、灰色，或带有气泡，或混有血液的液状粪便为主要特征；病羊腹痛，虚弱，救治不及时，于24～36小时内死亡	圈舍常规清扫消毒；预防用羔羊大肠杆菌疫苗，免疫接种。治疗结合药敏试验结果，选择敏感抗菌药物
羔羊痢疾	由B型魏氏梭菌引起初生羔羊急性死亡的传染病	病羊精神委顿，低头拱背，腹泻，粪便恶臭，有时如水状，有时如粥状，后期带有气泡、黏液或血液，1～2天死亡；有的病例腹胀，但不腹泻，有神经症状，四肢瘫痪，卧地不起，呼吸急促，口流白沫，神智昏迷，1天内死亡	加强母羊管理，防止产弱羔；加强卫生消毒工作，产仔季节对圈舍和用具定期消毒；母羊分娩前1个月免疫接种羔羊痢疾灭活疫苗；治疗可用高免血清、土霉素和磺胺类药物

（3）管理原因　母羊产羔时，气候环境恶劣，无人护理，造成

羔羊死亡；羔羊自身较弱，产后没有及时吸乳而死亡；产羔后，环境卫生不良，感染疾病死亡；在羔羊时期，有应激因素产生，造成应激死亡；另外，其他的一些外伤，造成羔羊死亡。

【防范措施】 因管理原因造成羔羊死亡，主要的防范措施就是加强管理。具体来讲，就是对母羊进行科学饲养，保障胎儿在母体内的健康成长，羔羊出生后自身条件好，抗病力就强，弱胎和饿死的羔羊就减少；产羔期，加强人工护养，防止羔羊窒息、冻死和饿死；产房的环境卫生干净，消毒措施得当，环境温度适宜，减少应激因素发生。

总之，造成羔羊死亡的原因有多种，管理因素最重要，疾病的原因以及母羊的原因均是由管理不善造成的。

181 种公羊的饲养管理关键环节有哪些？

种公羊数量少，种用价值高，对整个群体影响大，在饲养管理方面要求较严格。种公羊在配种期和非配种期饲养管理重点不同，见表12-2。

表12-2 种公羊的饲养管理关键技术

<table>
<tr><th>配 种 期</th><th>非配种期</th></tr>
<tr><td>配种前：1～1.5个月，逐渐增加精饲料供给，增加蛋白饲料的比例，给量为配种期标准的70%左右</td><td rowspan="3">热量充足，蛋白质足够，补充矿物质和维生素，精饲料每天0.5千克，胡萝卜0.5千克，食盐10克，骨粉10克，优质青干草足量</td></tr>
<tr><td>配种期：每日饲喂精饲料0.8～1.5千克，胡萝卜或其他替代饲料1千克，食盐15克，骨粉10克，干草适量</td></tr>
<tr><td>配种后：配种后的一段时间，种公羊需要恢复体能，饲养标准不能骤然降低，日粮标准和饲养制度逐渐过渡</td></tr>
</table>

182 种母羊的饲养管理关键环节有哪些？

种用母羊在饲养的整个环节中，必须依据其生理特点和生产期

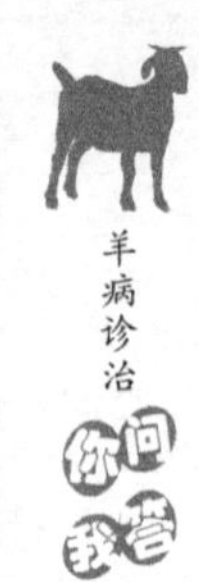

而精细饲养，只有这样才能保证母羊以及羔羊的健壮。种母羊在配种准备期、妊娠前期、妊娠后期、哺乳前期和哺乳后期，这5个特殊时期的饲养要求不同，见表12-3。

表12-3　种母羊的饲养管理关键技术

饲养时期	关键技术
配种准备期	重点是及时断奶，抓膘复壮，饲喂优质牧草、适量食盐，配种前2～3周，供给精饲料0.2～0.4千克
妊娠前期	妊娠期前3个月，胎儿的营养需求不大，母羊需保持良好膘情，不能饲喂霜草和霉变饲料，不饮冰水，减少应激，避免流产
妊娠后期	妊娠期后两个月，胎儿生长过快，母体营养需求增大，冬春季产羔母羊需每天供给精饲料0.3～0.5千克，胡萝卜0.5千克，食盐10克，骨粉5～10克，优质干草适量；秋季产羔母羊，要根据体况适当补饲，补充适量的精饲料、食盐和骨粉。管理要格外加强，保膘保胎最为重点，防止拥挤，出入要稳，饲喂要稳，不饲喂冰水和霜草，圈舍保暖防风
哺乳前期	哺乳期前2个月，羔羊营养需要母羊供给，必须加强母羊饲养管理，每天饲喂精饲料0.5～0.7千克，胡萝卜0.5千克，食盐12克，骨粉8～10克，优质青干草适量；但产羔后的3天内，不能饲喂精饲料，以免消化不良和发生乳房炎。圈舍勤清扫，保持干燥清洁
哺乳后期	哺乳期后2个月，母羊泌乳量逐渐下降，羔羊已能采食青草和碎食物，依赖母乳的程度减弱，母羊的饲养逐渐过渡，逐渐减少青饲料以及其他物质的添加

183 羔羊的饲养管理关键环节有哪些?

羔羊一般是指出生后4个月以内的羊，羔羊的成活率是管理的重点，饲养管理必须掌握关键点：泌乳母羊的饲养管理、羔羊的精心饲养管理。羔羊饲养主要分为2个阶段，即哺乳期前期和哺乳期后期。不同时期的生理机能、易出现的问题和管理措施见表12-4。

表 12-4　羔羊饲养管理关键技术

饲养时期	生理特点	易出现问题	措　　施
哺乳期前期	体温调节能力弱；消化机能不健全	不能很好地保持体温；易发生消化道疾病，出现腹泻	初乳喂养；无母的孤羔找羊代养或用人工奶补饲；初生羔羊不能饲喂淀粉类饲料；15 日龄开始用幼嫩青草诱食
哺乳期后期	母乳不足，断奶应激	断奶后易出现腹泻和脱膘	每天补喂混合精饲料 0.2 ~0.5 千克，青干草充足，饲料中精蛋白质含量 13% ~15%。圈舍内温度以 5 摄氏度左右为宜，舍内清洁干燥，及时铺垫和更换褥草

184 羊群的日常饲养管理关键环节有哪些？

在不同季节，根据羊群的商品性质，制定合理的管理方案，对保障羊群的生产性能具有重要意义。特别是枯草季节羊群的补饲，种羊的同期发情配种，羔羊的饲养管理工作，必须建立科学的、相对规律的、切合实际的饲养管理程序。不同季节羊群日常管理工作要点见表 12-5。

表 12-5　羊群日常管理要点

春　　季	夏　　季	秋　　季	冬　　季
定时驱虫，体内虫用左旋咪唑、阿苯达唑、虫克星等，体外虫可用敌百虫片兑温水洗羊身。羔羊断奶，补硒补镁	重点是抓膘放牧，注意避暑降温，环境消毒，免疫接种和定期驱虫	抓秋膘和配种；越冬草料准备，包括青干草和青贮饲料。分群管理，淘汰体弱、生产性能低的羊只	草料充足，青干草和青贮饲料配合饲喂，补充精饲料；羊群补充微量元素和维生素；羊舍内保暖通风；加强羔羊的饲养管理

185 怎样控制羊群的应激？

羊是比较敏感的动物，一般饲喂方式、气候环境、新的圈舍等

都能导致羊产生应激反应，主要表现为咳嗽、腹泻等症状。近年来，羊的贸易发展很快，很多羊场都是外地购羊，长途运输对羊群导致的应激较大。羊群主要的应激因素以及应对措施见表12-6。

表12-6　羊群的应激因素和措施

应激因素	引起问题	处理措施
环境突变	从分散饲养突然转为大群饲养，从放牧饲养突然转变为圈养	避免突然改变，由放牧饲养逐渐变为半放牧饲养直到圈养
饥饿脱水	羊群因应激食入草料过少，造成羊群饥饿缺水，易造成运输羊群死亡。长期得不到饲料与饮水，尤其是在缺水情况下，体内酸碱平衡与水盐代谢紊乱，消化液分泌与营养成分吸收减少，代谢产物的排泄发生障碍，使机体容易发生高渗性脱水、代谢性酸中毒等	饮水中添加电解多维，如B族维生素、维生素C、维生素E、复合维生素；微量元素，如硒、锌、铜、铁等；饲喂时少喂勤添，分顿饲喂，每天3~4顿，保证采食均匀，防止拥挤及饥饱不均
车辆噪声	噪声对羊群特别是比较灵敏的山羊来说构成一种劣性刺激，使羊群血浆肾上腺素、皮质醇、非酯化脂肪酸浓度升高，机体抵抗力下降	采用药物预防，主要是镇静剂，如氯丙嗪、静松灵、利血平等
过度拥挤	颠簸、刹车造成的倒地羊只没有及时站起来，导致挤压死亡	羊只装车时的密度不能过大
热应激	车辆过小，羊群拥挤，加上外界气温和运输车厢内水分、粪尿蒸发的影响，往往在车厢内形成高热、高湿的小气候，引起羊群体内积热，且散热困难，而呈现脱水、心力衰竭、肺瘀血、肺水肿、全身血液循环衰竭、消化机能减退等	炎热季节运输羊群，选择天气转凉的时候或者是晚上运输。车辆外面淋水降温。在饮水中添加小苏打中和热应激下的代谢酸产物
饲养方式改变	饲养人员、羊只转群，饲养方式突然改变，饲料品种改变，导致羊群发生应激性腹泻	饲料改变不能突然，只能逐渐添加

186 羊群引种应该注意什么问题?

目前羊的养殖属于具有明显经济效益的行业，不论是品种改良，还是致富增收都离不开种羊的引进。引种包括活体、精液和胚胎引进。引种必须结合生产实际，根据养殖场的自然和社会条件需求进行引种。

(1) 引种要求 活体引种——种羊的要求见表12-7。

表12-7 种羊品质要求

	体形外貌	健康要求	种用等级	年龄要求	免疫要求
种公羊	睾丸发育良好、匀称、富有弹性，无任何外形发育缺陷	体况良好，无任何临床症状和遗传疾病	达到种用等级1级	1~1.5岁	隔离观察期接种口蹄疫、山羊痘、传染性胸膜肺炎疫苗
种母羊	乳房发育良好、有弹性、无硬结，奶头粗长，无附奶头，母性强		达到种用等级2级	1~1.5岁	

(2) 引种季节 根据当地实际情况，选择气候凉爽、草料充足、营养丰富的时候引种。

(3) 种羊运输 运输车辆用前冲洗，彻底消毒，车厢底部垫上锯木末或谷糠等；装车前1~2小时再消毒1次。种羊在装车前2~4小时，停喂草料，适当饮水，饮水中添加电解多维和0.1%的高锰酸钾；肌内注射盐酸氯丙嗪或维生素C，减少应激反应。合理装车，每只羊需要占地0.5平方米，密度过大，会导致挤压死亡；长途运输时，备齐草料、药物和用具。炎热天气，在夜间运输。

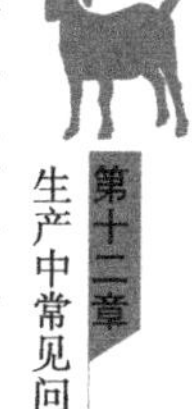

(4) 引种后管理 到达后，车辆和种羊全部消毒处理；小心驱赶羊群，使其逐渐恢复体能。饮用干净水源，不能饮用凉水和污染水源；饮水后，2~3小时投喂优质混合草料，不能单独饲喂青草或干草，青干草比例为2:1，不宜喂饱，6~7成饱即可。持续3天，逐渐增加饲喂量，至自由采食。半个月后，可添加精饲料，每只每天添加0.15~0.2千克。隔离饲养一个月后，申请畜牧部门检测，确认健康后才能投入生产区。

第十三章 常见疾病的临床鉴别

187 以血尿、血便或天然孔出血为主的传染病有哪些?

病 名	临床症状	诊断方法	防治措施
裂谷热	主要发生于绵羊，病情急，驱赶时突然倒地死亡；潜伏期非常短，发热，步态不稳，呕吐，流黏液性鼻液，在24~72小时内死亡。出血性腹泻和可视黏膜瘀血斑或瘀血点	ELISA试验和反向被动凝集试验	阳性动物扑杀，烧毁
炭疽病	动物突然倒地，丧失意识，黏膜发绀，全身颤栗，呼吸迫促，磨牙吐沫，口鼻流混血泡沫，肛门和阴户流出暗红色血液，骤然死亡	临床综合诊断、细菌分离、显微镜镜检、血清学检测	每年春季坚持免疫接种；治疗可选用血清疗法，药物可选用青霉素类、磺胺类药物
钩端螺旋体病	急性型，发病急，不食，高热，呼吸困难，黏膜黄染，皮肤干裂，有腹泻和血尿；亚急性型，黏膜苍白，尿呈血红蛋白尿，伴有便秘或腹泻；慢性型，贫血、消瘦，黄疸和血尿时隐时现，怀孕母羊流产、死产或产弱胎	临床综合诊断、新鲜血液或尿液暗视野镜检、细菌分离、血清学（补体结合试验、乳胶凝集试验）	进行钩体多价苗预防接种，接种2次，间隔7天；治疗用药物首选青霉素，其他广谱抗生素也有很好的疗效

（续）

病　　名	临床症状	诊断方法	防治措施
肠型羔羊大肠杆菌病	排黄色、灰色，带有气泡或混有血液的液状粪便，体温升高，腹痛	细菌分离培养鉴定，结合临床症状，剖检变化	血清型较多，免疫效果不理想，肠道抗菌消炎药物初次使用有一定疗效
沙门氏菌病	下痢型沙门氏菌病，体温升高达 40～41 摄氏度，腹泻，排黏性带血稀粪，有恶臭，低头、拱背，卧地 1～5 天死亡	病原菌的分离鉴定	严格贯彻消毒、隔离、检疫和药物预防一系列综合防治措施；治疗可选用土霉素和磺胺类药物
羔羊痢疾	剧烈腹泻，低头拱背，粪便恶臭，呈粥状，有时如水样，颜色灰白、黄白或黄绿，后期带有气泡、黏液或血液	细菌分离培养鉴定	疫苗免疫预防；治疗用高免血清、土霉素、磺胺类药物等，注意对症治疗
最急性型传染性胸膜肺炎	咳嗽，伴有浆液性鼻漏，呼吸困难并有呻吟，眼睑肿胀，口流泡沫样唾液；怀孕母羊大部分流产，最后卧地，有的发生腹胀和腹泻	临床综合判断，病原鉴定（细菌分离鉴定、直接镜检），血清学试验（补体结合试验、间接血凝试验）	综合防控；免疫接种，免疫期可达 1～1.5 年；治疗使用新胂凡纳明、土霉素、磺胺类药物和多西环素
绵羊巴氏杆菌病	分为 4 种类型，最急性型多见于哺乳羔羊，无明显症状，突然死亡；急性型，呼吸急促，咳嗽，鼻孔常有出血，颈部、胸下部发生水肿；亚急性型，病羊衰弱，咳嗽，眼、鼻流黏液或脓性分泌物，有急性肺炎、胸膜炎和肠炎症状；慢性型，咳嗽频繁，呼吸困难，逐渐消瘦，关节肿胀，出现跛行	细菌分离培养鉴定	磺胺类药物静脉注射；青霉素、链霉素和土霉素肌内注射

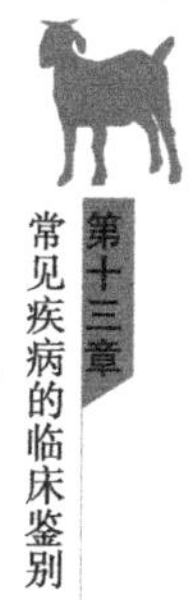

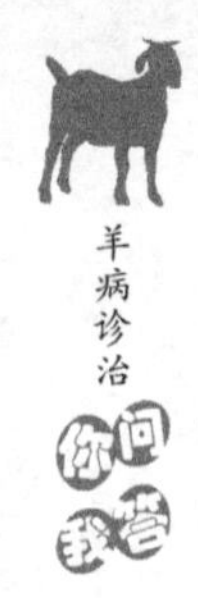

188 以腹泻症状为主的传染病有哪些？

病　原	临床症状	诊断方法	防治措施
肠型羔羊大肠杆菌病	排黄色、灰色，带有气泡或混有血液的液状粪便，体温升高，腹痛	细菌分离培养鉴定，结合临床症状、剖检变化	血清型较多，免疫效果不理想，肠道抗菌消炎药物初次使用有一定疗效
沙门氏菌病	下痢型沙门氏菌病，体温升高达40～41摄氏度，腹泻，排黏性带血稀粪，有恶臭，低头、拱背，卧地1～5天死亡	病原菌的分离鉴定	严格贯彻消毒、隔离、检疫和药物预防一系列综合防治措施；治疗可选用土霉素和磺胺类药物
轮状病毒病	主要发生于羔羊，严重时呈水样腹泻，一般经过数天康复	病毒分离鉴定和血清学检查	预防：尚无有效疫苗 治疗：无特效治疗方法，主要采用补液，口服葡萄糖盐水或电解多维溶液
隐孢子虫病	主要发生于羔羊，病羊慢性腹泻，厌食，粪便带有大量纤维素，有时含有血液，极度消瘦	病原学检查，主要是粪便浮集法、染色法和组织切片；免疫学诊断，ELISA和免疫荧光试验	预防：患病动物的粪便彻底消毒，虫卵囊用福尔马林和氨水消除感染力，污染物焚烧 治疗：化学药物主要用马杜拉霉素、阿奇霉素等；也可用大蒜素、苦参合剂和驱隐汤
羔羊痢疾	多数羊表现精神委顿，低头拱背，腹泻、粪便恶臭，有时如粥状，有时如水样，颜色灰白、黄白或黄绿色，后期带有气泡、黏液或血液；少数无明显症状死亡	细菌分离鉴定，结合临床症状和病理变化	预防：接种羔羊痢疾灭活疫苗，或羊厌气性五联灭活疫苗；可用土霉素口服预防 治疗：高免血清皮下注射；土霉素、磺胺脒等有效；注意对症治疗

（续）

病原	临床症状	诊断方法	防治措施
副结核病	间歇性下痢发展到持续性下痢，最后变为水样腹泻，粪便恶臭；贫血、营养不良，消瘦，最后全身衰竭而亡	皮内变态反应和ELISA	预防：淘汰和扑杀副结核阳性羊。诊断为阳性者均采用扑杀淘汰，肠道废弃消毒处理，肉可以食用；羊舍、饲槽、用具及运动场采用生石灰、来苏儿、漂白粉等消毒剂进行消毒。粪便和剩余饲草堆积发酵
肠毒血症	发病急，无明显症状突然死亡；病程稍长者表现精神沉郁，厌动，腹痛、腹泻，粪便呈黄褐色水样，感觉过敏，流涎，3~4小时内死亡；有的出现步态不稳，肌肉震颤，眼球转动、磨牙、2~4小时内死亡	细菌分离和肠内容物中β毒素鉴定	预防：每年定期接种五联（快疫、肠毒血症、猝狙、黑疫、羔羊痢疾）或三联疫苗（快疫、肠毒血症、猝狙） 治疗：发病季节使用四环素、磺胺类药物；发病急的来不及治疗，病程长的可用抗血清和抗生素
羊猝狙	发病急，无明显症状，3~6小时内死亡；部分病例表现为离群、腹泻、腹痛、眼球鼓出、磨牙、剧烈痉挛，很快死亡	细菌分离和肠内容物中ε毒素鉴定	预防：每年定期接种五联（快疫、肠毒血症、猝狙、黑疫、羔羊痢疾）或三联疫苗（快疫、肠毒血症、猝狙） 治疗：发病急，来不及治疗，或治疗效果不好

189 以突然死亡为特征的疾病有哪些？

病原	临床症状	诊断方法	防治措施
炭疽	动物突然倒地，丧失意识，黏膜发绀，全身战栗，呼吸迫促，磨牙吐沫，口鼻流混血泡沫，肛门和阴户流出暗红色血液，骤然死亡	临床综合诊断、细菌分离、病料显微镜镜检、血清学检测	每年春季坚持免疫接种；治疗可选用血清疗法，药物可选用青霉素类、磺胺类药物

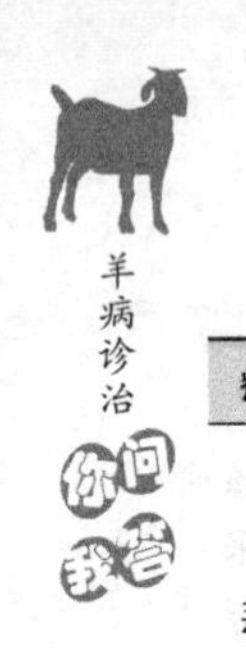

（续）

病原	临床症状	诊断方法	防治措施
羔羊痢疾	多数羊表现精神委顿，低头拱背，腹泻、粪便恶臭，有时如粥状，有时如水样，颜色灰白、黄白或黄绿色，后期带有气泡、黏液或血液；少数无明显症状死亡	细菌分离鉴定，结合临床症状和病理变化	预防：接种羔羊痢疾灭活疫苗，或羊厌气性五联灭活疫苗；可用土霉素口服预防 治疗：高免血清皮下注射；土霉素、磺胺脒等有效；注意对症治疗
羊快疫	发病急，病羊突然停止采食和反刍，磨牙，腹痛、腹部膨胀，呼吸困难，痉挛死亡；病程稍长的病羊运动失调，口流带血泡沫，排便困难，粪便呈黑色，偶带血丝，头、喉、舌和下颌肿大	肝触片镜检，病原菌分离鉴定	预防：每年定期接种五联（快疫、肠毒血症、猝狙、黑疫、羔羊痢疾）或三联疫苗（快疫、肠毒血症、猝狙） 治疗：发病急，来不及治疗，或治疗效果不好
羊猝狙	发病急，无明显症状，3～6小时内死亡；部分病例表现为离群、腹泻、腹痛、眼球鼓出、磨牙、剧烈痉挛，很快死亡	细菌分离和肠内容物中ε毒素鉴定	参照羊快疫
羊黑疫	病程短，多数未见症状死亡；病程稍长的，表现为离群、精神不振、食欲废绝、四肢无力、呼吸困难、流涎、呈昏睡状卧地，无痛苦和挣扎死亡	细菌分离和卵磷脂酶试验	预防：每年定期接种五联（快疫、肠毒血症、猝狙、黑疫、羔羊痢疾）疫苗 治疗：治疗效果不好
羊肠毒血症	发病急，无明显症状突然死亡；病程稍长者表现精神沉郁，厌动，腹痛、腹泻，粪便呈黄褐色水样，感觉过敏，流涎，3～4小时内死亡；有的出现步态不稳，肌肉震颤，眼球转动、磨牙、流涎，2～4小时内死亡	细菌分离和肠内容物中β毒素鉴定	预防：每年定期接种五联（快疫、肠毒血症、猝狙、黑疫、羔羊痢疾）或三联疫苗（快疫、肠毒血症、猝狙） 治疗：发病季节使用四环素、磺胺类药物；发病急的来不及治疗，病程长的可用抗血清和抗生素

（续）

病原	临床症状	诊断方法	防治措施
恶性水肿	经过外伤或分娩感染，表现高热稽留，呼吸困难，发绀，偶有腹泻，一般在1～3天死亡	细菌分离鉴定	预防：接种梭菌病多联苗 治疗：从早从速，局部清创，用3%的双氧水清洗；全身治疗用抗菌消炎药，如青霉素、链霉素、磺胺药等进行注射；同时，配合强心、补液和解毒
中毒病	与食入的毒物类型、剂量，发现时间的早晚有关	参照中毒病的诊断	参照中毒病的防治

190 以流产症状为主的传染病有哪些？

病　原	临床症状	诊断方法	防治措施
布鲁氏杆菌病	一般在妊娠第3和第4个月，流产前2～3天，精神不振，食欲减退，体温升高；公羊发生关节炎、睾丸炎、附睾炎	细菌分离培养，血清学试验（试管凝集试验、虎红平板凝集试验、补体结合试验）	病羊不做治疗，屠宰淘汰；免疫接种是根本的防治途径，每年免疫1次，连续免疫4～5年
李氏杆菌病	体温升高至40.5～41.5摄氏度，有神经症状，妊娠母羊流产，羔羊呈急性败血症死亡	细菌的分离培养；血清学诊断	常用链霉素配合青霉素治疗；病初大剂量广谱抗生素有疗效
弯曲杆菌病	主要发生于绵羊，怀孕后3个月流产，流产率平均为20%～25%，高的可达70%。多数为无先兆症状流产，有部分发生子宫炎和腹膜炎	细菌分离鉴定或病料涂片镜检	产羔季节加强生物安全控制，流产母羊隔离；流产后母羊具有免疫力，不需要淘汰

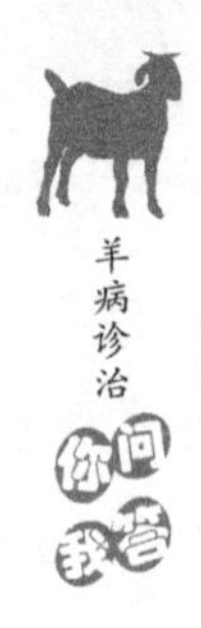

（续）

病　　原	临床症状	诊断方法	防治措施
Q 热	发热，食欲不振，山羊和绵羊妊娠后期发生流产	病原分离鉴定，间接荧光抗体检测，PCR 检测病原核酸	主要是卵黄囊灭活疫苗免疫接种，阳性动物隔离饲养，销毁分娩期的胎盘和胎膜
钩端螺旋体病	急性型，发病急，不食，高热，呼吸困难，黏膜黄染，皮肤干裂，有腹泻和血尿；亚急性型，黏膜苍白，尿呈血红蛋白尿，伴有便秘或腹泻；慢性型，贫血，消瘦，黄疸和血尿时隐时现，怀孕母羊流产、死产或产弱胎	临床综合诊断、新鲜血液或尿液暗视野镜检、细菌分离、血清学试验（补体结合试验、乳胶凝集试验）	进行钩体多价苗预防接种，接种 2 次，间隔 7 天；治疗用药物首选青霉素，其他广谱抗生素均有很好的疗效
急性型传染性胸膜肺炎	咳嗽，伴有浆液性鼻漏，呼吸困难并有呻吟，眼睑肿胀，口流泡沫样唾液；怀孕母羊大部分流产，最后卧地，有的发生腹胀和腹泻	临床综合判断，病原鉴定（细菌分离鉴定、直接镜检），血清学试验（补体结合试验、间接血凝试验）	综合防控；免疫接种，免疫期可达 1 ~ 1.5 年；治疗使用新胂凡纳明、土霉素、磺胺类和多西环素
衣原体病	体温升高 2 ~ 3 摄氏度，妊娠中期和晚期的母羊流产，流产胎儿为木乃伊、死产和弱羔，首次流产率达 20% ~ 30%；弱羔出现神经症状、肺炎、关节炎或结膜炎。公羊出现睾丸炎或附睾炎	病原分离鉴定、ELISA、荧光抗体试验和 PCR 方法	可以选用灭活苗免疫接种；治疗首选药物为青霉素和磺胺，其次是红霉素和四环素

（续）

病　原	临床症状	诊断方法	防治措施
弓形虫病	主要是绵羊发病，出现无任何明显症状流产，流产发生于正常分娩前1~1.5个月；少数出现神经症状和呼吸系统症状	病原学检查（主要是新鲜脏器肺、肝、淋巴结等涂片，染色镜检）；血清学检查（ELISA、补体结合试验）	预防，尚无有效疫苗；畜舍保持清洁，定期消毒，阻断被猫和鼠粪便污染的饲料和饮水；治疗，首选磺胺类药物，二磷酸氯喹、阿奇霉素等也有效
住肉孢子虫病	主要是绵羊发病，表现发热、肌肉僵硬、食欲不振、贫血、腹泻、发育不良，有的跛行，后肢瘫痪，共济失调；怀孕母羊引起流产	临床症状结合尸体剖检；血清学（间接血凝和荧光抗体试验）	预防，尚无有效疫苗；主要采用环境卫生管理，杀灭鼠类；治疗，选用常规驱虫药
中毒病	与食入的毒物类型、剂量，发现时间的早晚有关	参照中毒病的诊断	参照中毒病的防治

191 出现神经症状的传染病有哪些？

病　名	临床症状	诊断方法	防治措施
李氏杆菌病	体温升高至40.5~41.5摄氏度，有神经症状，妊娠母羊流产，羔羊呈急性败血症死亡	细菌的分离培养；血清学诊断	常用链霉素配合青霉素治疗；病初大剂量广谱抗生素有疗效；磺胺类药物也有疗效
败血型羔羊大肠杆菌病	体温升高达41.5~42摄氏度，精神委顿，眼结膜充血潮红，四肢僵硬，运步失调，视力障碍，头向后仰，一肢或数肢呈游泳样运动	细菌分离培养鉴定，结合临床症状，剖检变化	免疫接种，3个月以下羔羊，皮下注射，免疫期半年

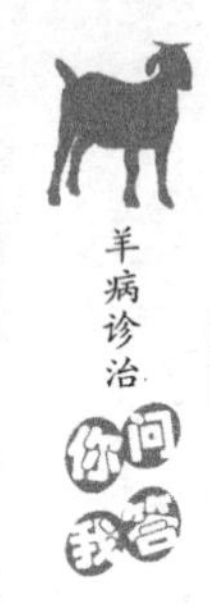

（续）

病　　名	临床症状	诊断方法	防治措施
维斯纳病	见于2~3岁羊，早期步态不稳，后肢瘫痪，头部姿势异常和唇部震颤，逐渐发展为瘫痪，最终死亡	病原分离或血清学试验	预防：无有效的预防疫苗；严格引种，定期检疫，淘汰阳性羊；圈舍和用具彻底消毒 治疗：尚无有效的治疗方法
山羊关节炎—脑炎病	脑脊髓炎型，常见于2~4月龄山羊，初期跛行，共济失调，一侧后肢不能负重，随后出现四肢瘫痪，转圈、精神沉郁，头部抽搐、震颤，角弓反张，有的出现划水状	病毒分离鉴定，血清学常用琼脂凝胶免疫扩散试验和ELISA	预防：尚无有效疫苗，主要加强饲养管理和定期血清学检测，扑杀阳性羊，圈舍彻底消毒 治疗：无特效治疗方法
边界病	母绵羊流产，产出羔羊呈现明显的体形变化、神经症状和被毛变化；病羔羊共济失调，头颈不自主肌肉震颤，有的全身颤抖	常用的抗原检测方法：病毒分离鉴定，ELISA检测抗原，RT-PCR检测核酸	欧洲有边界病的灭活疫苗；国内主要是淘汰病羊

192 出现呼吸道症状的疾病有哪些？

病原	临床症状	诊断方法	防治措施
传染性胸膜炎	最急性型，体温升高达41~43摄氏度，呼吸急促，有的痛苦鸣叫，呼吸困难，时有咳嗽，并流浆液性带血鼻液；急性型，咳嗽，伴有浆液性鼻漏，呼吸困难并有呻吟，眼睑肿胀，口流泡沫样唾液；慢性型，时有咳嗽和腹泻，鼻液时有时无	临床综合判断，病原鉴定（细菌分离鉴定、直接镜检），血清学试验（补体结合试验、间接血凝试验）	综合防控；免疫接种，免疫期可达1~1.5年；治疗使用新胂凡纳明、土霉素、磺胺类和多西环素

（续）

病原	临床症状	诊断方法	防治措施
类鼻疽	体温升高，食欲废绝，呼吸困难，咳嗽，消瘦，有跛行；后躯麻痹，呈犬坐姿势；公羊睾丸、母羊乳房有顽固性结节	细菌分离鉴定，免疫学诊断（间接血凝试验和补体结合试验）	无疫苗；预防主要采取消毒、检疫和隔离等措施
绵羊巴氏杆菌病	分为4种类型，最急性型多见于哺乳羔羊，无明显症状，突然死亡；急性型，呼吸急促，咳嗽，鼻孔常有出血，颈部、胸下部发生水肿；亚急性型，病羊衰弱，咳嗽，眼、鼻流黏液或脓性分泌物，有急性肺炎、胸膜炎和肠炎症状；慢性型，咳嗽频繁，呼吸困难，逐渐消瘦，关节肿胀，出现跛行	细菌分离培养鉴定	磺胺类药物静脉注射；青霉素、链霉素和土霉素肌内注射
梅迪病	见于3岁以上的绵羊，呼吸频率加快，鼻孔扩张，逐渐出现呼吸困难；病程3～6个月，最后缺氧死亡	病原分离或血清学试验	预防：无有效的预防疫苗；严格引种，定期检疫，淘汰阳性羊；圈舍和用具彻底消毒 治疗：尚无有效的治疗方法
肺孢子虫病	一般为隐性感染，无明显症状；出现明显症状的表现为干咳，呼吸急促、困难，发热，厌食，消瘦	病原学检查，对肺组织涂片和切片	预防：缺乏预防措施 治疗：磺胺嘧啶和乙胺嘧啶，二者联用效果好

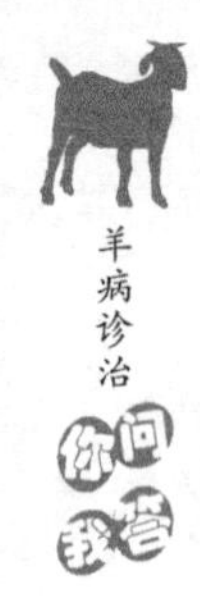

193 出现腹痛、腹胀症状的疾病有哪些？

病　原	临床症状	诊断方法	防治措施
羔羊痢疾	剧烈腹泻，低头拱背，粪便恶臭，呈粥状，有时如水样，颜色灰白、黄白或黄绿，后期带有气泡、黏液或血液	细菌分离培养、鉴定	预防：疫苗预防接种 治疗：用高免血清、土霉素、磺胺药等，注意对症治疗
急性型传染性胸膜肺炎	咳嗽，伴有浆液性鼻漏，呼吸困难并有呻吟，眼睑肿胀，口流泡沫样唾液；怀孕母羊大部分流产，最后卧地，有的发生腹胀和腹泻	临床综合判断，病原鉴定（细菌分离鉴定、直接镜检），血清学试验（补体结合试验、间接血凝试验）	预防：综合防控，免疫接种，免疫期可达1~1.5年 治疗：使用新胂凡纳明、土霉素、磺胺类和多西环素
羊肠毒血症	发病急，无明显症状突然死亡；病程稍长者表现精神沉郁，厌动，腹痛、腹泻，粪便呈黄褐色水样，感觉过敏，流涎，3~4小时内死亡；有的出现步态不稳，肌肉震颤，眼球转动，磨牙，流涎，2~4小时内死亡	细菌分离和肠内容物中β毒素鉴定	预防：每年定期接种五联（快疫、肠毒血症、猝狙、黑疫、羔羊痢疾）或三联疫苗（快疫、肠毒血症、猝狙） 治疗：发病季节使用四环素、磺胺类药物；发病急的来不及治疗，病程长的可用抗血清和抗生素治疗
羊快疫	发病急，病羊突然停止采食和反刍，磨牙，腹痛，腹部膨胀，呼吸困难，痉挛死亡；病程稍长的病羊运动失调，口流带血泡沫，排便困难，粪便呈黑色，偶带血丝，头、喉、舌和下颌肿大	肝触片镜检，病原菌分离鉴定	预防：每年定期接种五联（快疫、肠毒血症、猝狙、黑疫、羔羊痢疾）或三联疫苗（快疫、肠毒血症、猝狙） 治疗：发病急，来不及治疗，或治疗效果不好

（续）

病　原	临床症状	诊断方法	防治措施
羊猝狙	发病急，无明显症状，3～6小时内死亡；部分病例表现为离群、腹泻、腹痛、眼球鼓出、磨牙、剧烈痉挛，很快死亡	细菌分离和肠内容物中ε毒素鉴定	参照羊快疫

194 黏膜、皮肤出现病变的情况有哪些？

病　原	临床症状	诊断方法
口蹄疫	绵羊以蹄部症状为主，跛行，严重者蹄叉、蹄冠糜烂；吸乳羔羊常发生出血性胃肠炎 山羊，口腔黏膜有水疱、烂斑，蹄部有病变，跛行	病毒分离鉴定，血清学检测（微量中和试验、ELISA等）
羊口疮	口唇部位皮肤以及黏膜形成疱疹、脓疱、溃疡和厚的结痂；一般常见于哺乳羔羊，口唇糜烂，严重者舌部出现断裂	临床症状和流行情况相结合，容易判断
山羊痘	体温高达40～42摄氏度，食欲减退或停食，鼻腔、眼角流脓性分泌物；皮肤无毛或少毛部位有痘疹，主要是头部、背部、腹部毛丛中	结合流行病学、临床症状可以判断；间接免疫荧光试验、琼脂凝胶免疫扩散试验、ELISA
绵羊痘	体温高达41～42摄氏度，食欲减退或停食，鼻腔、眼角流脓性分泌物；眼、唇、鼻、外生殖器官、乳房、腿内侧、尾下部常见绿豆大红斑；红斑随着病程发展，形成丘疹，皮肤溃烂、坏死	丘疹组织用莫洛佐夫镀银法染色镜检
小反刍兽疫	发热，眼、鼻出现水样分泌物，所有黏膜严重充血，口腔内出现小的坏死灶，严重者舌、牙床、上颚以及双颊出现坏死斑；出现腹泻，排水样粪便，持续2天左右	临床症状结合流行病学容易判断。病毒分离鉴定，血清学试验（微量中和试验和竞争性ELISA）

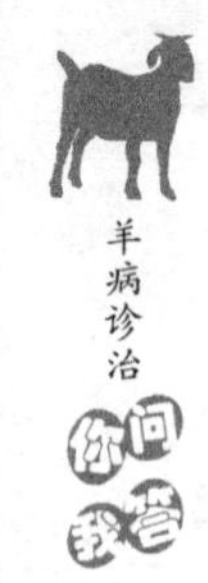

（续）

病　　原	临床症状	诊断方法
螨虫病	患羊消瘦、贫血、脱毛；病羊瘙痒，主要以头部明显，嘴唇周围、口角两侧、鼻孔边缘和耳根下面出现痂皮	临床症状结合取痂皮样实验室显微镜观察进行确诊
蠕形蚤病	患羊消瘦、贫血、脱毛；出现奇痒和不安症状，感染羊经常在硬物上乱蹭，用嘴咬或用蹄蹬患部。对患部进行检查时，寄生部位可见到虫体、黑色血粪和血凝块；皮肤损伤，溃烂	临床症状结合对疑似虫体的显微镜观察进行确诊
霉菌性皮肤病	羊初期表现患部皮肤发红、发痒、干燥，表皮形成硬皮，皮肤上逐渐形成界限明显的癣斑，癣斑呈现圆形、不规则圆形，带有残毛，并被覆有鳞屑或痂皮。癣斑发生部位以背部、肩部、头部为最多	临床症状结合霉菌分离鉴定进行确诊
青霉素过敏	病羊用药后皮肤无毛处出现块状发红，疱状凸起	临床症状结合用药经历，综合无药自愈现象可确诊
淋巴结炎	病羊肩前淋巴结和股前淋巴结发生一处或多处鸡蛋大的脓疱，脓疱内脓汁质地均匀如牙膏状，呈白色至灰白色，无臭味	临床症状结合细菌分离鉴定进行确诊

附录　常见法定计量单位名称与符号对照表

量的名称	单位名称	单位符号
长度	千米	km
	米	m
	厘米	cm
	毫米	mm
面积	平方千米（平方公里）	km^2
	平方米	m^2
体积	立方米	m^3
	升	L
	毫升	mL
质量	吨	t
	千克（公斤）	kg
	克	g
	毫克	mg
物质的量	摩尔	mol
时间	小时	h
	分	min
	秒	s
温度	摄氏度	℃
平面角	度	(°)
能量，热量	兆焦	MJ
	千焦	kJ
	焦［耳］	J
功率	瓦［特］	W
	千瓦［特］	kW
电压	伏［特］	V
压力，压强	帕［斯卡］	Pa
电流	安［培］	A

注：本书出现的计量单位名称，采用中文形式，请对照使用。若有歧义，请以国家规定的法定计量单位为准。

参考文献

[1] 费恩阁，李德昌，丁壮．动物疫病学［M］．北京：中国农业出版社，2004.

[2] 黄勇富．南方肉用山羊养殖新技术［M］．重庆：西南师范大学出版社，2004.

[3] 殷震，刘景华．动物病毒学［M］．2版．北京：科学出版社，1997.

[4] 王峰，王元兴．牛羊繁殖学［M］．北京：中国农业出版社，2003.

[5] PUGH D G．绵羊和山羊疾病学［M］．赵德明，韩博，译．北京：中国农业大学出版社，2004.

[6] 周淑兰，曹国文，付利芝．羊病防控百问百答［M］．北京：中国农业出版社，2010.

[7] 贺生中．羊场兽医［M］．北京：中国农业出版社，2002.

[8] 曹宁贤，张玉换．羊病综合防控技术［M］．北京：中国农业出版社，2008.

[9] 刘湘涛，刘晓松．新编羊病综合防控技术［M］．北京：中国农业科学技术出版社，2011.

[10] 王建华．家畜内科学［M］．3版．北京：中国农业出版社，2002.